科学普及读本
KEXUE PUJI DUBEN

KEXUE ZHIMIAN DIZHEN

科学直面地震

雅风斋○编著

金盾出版社
JINDUN PUBLISHING HOUSE

内 容 提 要

《科学直面地震》介绍了地震的成因、分类、分布、震级、危害程度以及如何科学地应对地震灾害。本书图文并茂，从科学的角度对地震进行了全面的解析，帮助青少年正确地认识地震，以便更好地做出应对，是一本很好的科普读物。

图书在版编目（CIP）数据

科学直面地震 / 雅风斋编著 .—北京：金盾出版社，2012.4（2025.1 重印）

（科学普及读本）

ISBN 978-7-5082-7460-7

Ⅰ . ①科… Ⅱ . ①雅… Ⅲ . ①地震—青年读物②地震—少年读物 Ⅳ . ① P315.4-49

中国国家版本馆 CIP 数据核字（2012）第 033558 号

科学直面地震

KEXUE ZHIMIAN DIZHEN

（科学普及读本）

雅风斋 编著

出版发行：	金盾出版社	**开　本：**	710mm × 1000mm　1/16
地　址：	北京市丰台区晓月中路 29 号	**印　张：**	12
邮政编码：	100165	**字　数：**	180 千字
电　话：	（010）68276683	**版　次：**	2012 年 6 月第 1 版
	（010）68214039	**印　次：**	2025 年 1 月第 2 次印刷
印刷装订：	天津画中画印刷有限公司	**印　数：**	20001 ~ 25000 册
经　销：	新华书店	**定　价：**	55.50 元

目录

Contents

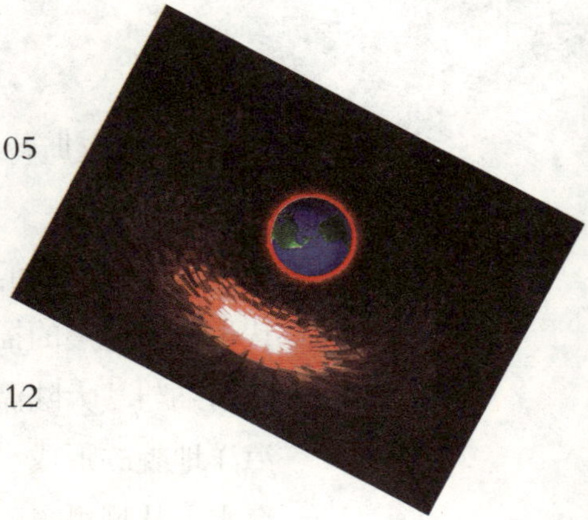

第一章
Chapter 1

可怕的地震

自从人类诞生以来，地震就一直伴随着我们；而从人类开始住进砖瓦房，地震就威胁到了我们的人身安全。与地震抗争，是人类永恒的宿命。只要人类生存在地球上，就要面对地震。

地震来袭，人类的梦魇

现实生活中的地震

·2004年12月26日爆发了印度洋大海啸，这次地震和海啸发生的范围主要位于印度洋板块与亚洲板块的交界处，消亡边界地处安达曼海。这场突如其来的灾难给印尼、斯里兰卡、泰国、印度、马尔代夫等国造成巨大的人员伤亡和财产损失。到2005年1月10日为止的统计数据显示，印度洋大地震和海啸已经造成15.6万人死亡，这可能是世界近200多年来死伤最惨重的海啸灾难。

·1976年7月28日3点42分53.8秒在唐山发生里氏7.8级地震，地震震中在唐山开平区越河乡，即：北纬39.6度，东经118.2度，震中烈度

达11度，震源深度12千米。当天18点45分又在滦县发生了7.1级地震，同年11月15日天津宁河发生了6.9级地震，主震后的余震更加加重了地震灾害。唐山地震无明显前震，余震持续时间长，衰减过程起伏大。据统计唐山大地震共造成24.2万多人死亡；唐山大地震是20世纪十大自然灾害之一。

·2008年5月12日14时28分04秒，四川汶川、北川，8级强震猝然袭来，大地颤抖，山河移位，满目疮痍，生离死别……西南处，国有殇。这是新中国成立以来破坏性最强、波及范围最大的一次地震。此次地震重创约50万平方千米的中国大地！为表达全国各族人民对四川汶川大地震遇难同胞的深切哀悼，国务院决定，2008年5月19日至21日为全国哀悼日。自2009年起，每年5月12日为全国防灾减灾日。

·加勒比岛国海地当地时间2010年1月12日16时53分（北京时间13日5时53分）发生里氏7.0级地震（根据中国地震台网测定，海地当地时间2010年1月12日下午发生里氏7.3级强烈地震），首都太子港及全国大部分地区受灾情况严重，截至2010年1月26日，海地地震进入第15天，世界

卫生组织确认，此次海地地震已造成22.25万人丧生，19.6万人受伤。

·2010年4月14日晨，青海省玉树藏族自治州发生两次地震，最高震级7.1级，地震震中位于县城附近。截至4月25日17时，玉树地震造成2220人遇难，失踪70人。为表达全国各族人民对青海玉树地震遇难同胞的深切哀悼，2010年4月20日国务院决定，2010年4月21日举行全国哀悼活动，全国和驻外使领馆下半旗志哀，停止公共娱乐活动。

·2011年3月11日，日本当地时间14时46分，日本东北部海域发生里氏9.0级地震并引发海啸，造成重大人员伤亡和财产损失。地震震中位于宫城县以东太平洋海域，震源深度20千米。东京有强烈震感。地震引发的海啸影响到太平洋沿岸的大部分地区。地震造成日本福岛第一核电站1～4号机组发生核泄漏事故。4月1日，日本内阁会议决定将此次地震称为“东日本大地震”。截至当地时间4月12日19时，此次地震及其引发的海啸已确认造成14063人死亡、13691人失踪。

（以上内容和数据来自于百度百科）

……

这就是人类永远的敌人——地震。地震早在人类产生以前就存在了，伴随着地球的成长，地震已经和地球同岁。自从人类进入文明时代后，地震也就成为人类一个巨大的梦魇。

让我们直面地震

地震来袭的时候，地动山摇，生灵涂炭。在那一瞬间，置身其中的人们仿佛来到了世界末日，无数的人失去生命，活下来的人在绝望中煎熬，几乎一生的努力化为乌有，还要承受着失去亲人的痛苦。

地震是世界上最凶恶的敌人，它所造成的直接灾害有：

建筑物与构筑物的破坏。如房屋倒塌、桥梁断落、水坝开裂、铁轨变形等。

地面破坏。如地面裂缝、塌陷，喷水冒砂等。

山体等自然物的破坏。如山崩、滑坡等。

海啸。海底地震引起的巨大海浪冲上海岸，造成沿海地区的破坏。

此外，在有些大地震中，还有地光烧伤人畜的现象。

地震引起的次生灾害主要有：

火灾，由震后火源失控引起。地震的直接灾害发生后，会引发次生灾害。有时，次生灾害所造成的伤亡和损失，比直接灾害还大。1923年9月1日11时50多分，日本关东发生大地震。时近正午，日本关东地区的大多数人家都在准备午饭。突然，地下传来一阵可怕的轰鸣声，紧接着大地剧烈地抖动。刹那间房倒屋塌，许多人来不及反应就被砸死在屋子内。由于烧饭的炉火翻倒，引起木造房屋着火，东京烧毁面积约38.3平方千米，85%的房屋毁于一旦；横滨烧毁面积约9.5平方千米，

趣味链接

《破坏性地震应急条例》（1995年2月11日国务院令第172号发布，自1995年4月1日起施行）是为了加强对破坏性地震应急活动的管理，减轻地震灾害损失，保障国家财产和公民人身、财产安全，维护社会秩序而制定的条例。

96%的房屋被夷为平地。这次地震死亡99331人、下落不明43476人、受伤103733人。

地震还可能引发海啸，日本关东大地震引发的海啸最大浪高超过12米。被海啸卷走、冲毁的房屋也达到了868所。

水灾，由水坝决口或山崩壅塞河道等引起。

毒气泄漏，由建筑物或装置破坏等引起。

瘟疫，由震后生存环境的严重破坏引起。

地震，强大而又可怕的敌人！

痛定思痛，人们开始关注地震

地震的巨大破坏力和它造成的严重后果，使各国政府和科学界不得不严肃地正视这个问题。各国学术界的地震学基础理论、地震预测预报、防震抗震、工程地震、地震地质，以及地球物理、地球化学、实验技术和仪器研制等方面的学术论文和研究成果，层出不穷地涌现。

关注地震已经不是今天才有的事情了。地震学的难点和重点是在地震的预报方面，而早在我国的汉代，中国人就已经在地震预报的领域取得了突出的成绩。

历史上，最早的记录地震波的仪器是张衡在公元132年（东汉阳嘉元年）发明的。这一伟大发明要比欧洲类似的发明至少早1500年。近代意义上的地震仪主要是利用惯性原理和弹性原理来记录地震引起的地面运动，这里惯性原理和弹性原理的结合使传感器能够记录到地面的运动，并在记录地面运动以后可以最终回到原来的状态，一个直观的实例是一个由弹簧和重锤组成的垂直摆。为了提高回到原来状态的效率，还需要有阻尼。阻尼就是使地震仪的传感器很快地回到原来的状态，而不是让它振动起来没个完的阻力。

在地震仪的发展史上，首先要解决的一个关键性的技术问题就是如何提高地震仪的放大倍数以记录到比较微弱的地面运动。地震学家为此想了很多办法，但最有效的办法是电子放大和照相记录的引入。弹簧和重锤或者其他的机械元件都有它自身的“自振周期”，因此机械传感器的结构和性能决定了地震仪能够记录到的地面运动的优势周期。这也说明传统的地震仪所记录到的地面运动是频带较窄的。

机械元件的“灵敏程度”和“结实程度”是一对矛盾，灵敏和结实“妥协”的结果是大大地限制地震仪的动态范围，就是所能记录到的最大的地面运动和最小的地面运动的比值（在地震学中通常使用这一比值的对数，它乘以20就是“分贝数”）。

20世纪70年代以来，两项关键性的技术引入到地震仪的制造，在相当程度上解决了这两个问题。一个是电子反馈技术，就是无须“劳动”传感器自己振动，而是用试图阻止这种振动所必须提供的电流来作为地震仪的输出，这就避免了传感器自身的“自振周期”的限制，从而使宽频带的地震观测成为可能。另一个是数字化技术。数字化技术的采用使得地震仪可以“聪明地”根据地面运动的大小来调整自己的放大倍数，这就使得大动态的地震观测成为可能。此外，便于与计算机连接和以较高的精度使数字化的地震记录受到普遍的欢迎。由此而发展起来的宽频带、大动态、高精度的数字化地震仪成为目前地震学家研究地震

波、地球内部结构和地震本身的常规武器。

然而，地震往往发生在地表以下几千米至数百千米深度内，受地质构造、岩石介质、地质应力等一系列条件制约。而目前地震台网只能对地表数百米之内深的地球物理场、化学场变化信息进行观测，故观测的结果尚不能完全代表地下深部的情况，因此，地震预报一直成为世界性的科学难题。迄今为止，还没有一个国家对一次强震作出有清晰科学思路与可靠技术步骤的成功临震预报，仍处于边观测、边研究、边预报的探索阶段。

趣味链接

月球上也有“地震”，不过叫月震更加准确。经过30年研究，科学家近日揭示月震发生的频率比地震要多得多，几乎每天都有，并且位置一般比地震要深，且多发生在月球正对地球的那面。

地震与科学

抗震是个长期的任务

中国位于世界两大地震带——环太平洋地震带与欧亚地震带之间，地震活动非常频繁，是一个震灾十分严重的国家。20世纪，中国共发生6.0级以上地震近800次，遍布除贵州、浙江和香港特别行政区以外的所有省、自治区和直辖市；百年来，中国死于地震的人数达55万之多，占全球地震死亡人数的53%。因此，对于我们国家而言，防震抗灾是一项长期而又艰巨的任务。

既然大自然强加给人类地震这一灾难，人类与之对抗的唯一手段就是利用科学的力量。也许在短时间内，我们无法阻止地震的发生，但是，我们至少可以试图去了解地震，进而预测地震，减少地震的危害。

地震预报的难题

关于地震，人们最关心的问题恐怕是预报问题。地震究竟能否预报呢？

我国的地震预报研究，是在1966年邢台大地震后蓬勃开展起来的。从1970年到1975年，新疆乌什，四川马尔康、马边、甘孜，云南红河、永善，相继发生了5～6级地震。为了寻找地震前兆，研究人员对各种与地震有关的现象，如地下水、地电、地磁、地形变、地温、重力、气象、动物异常等，进行了广泛的观测研究。

在此基础上，我国地震科学家成功地预报了1975年2月4日发生在辽宁海城、营口县（现辽宁省大石桥市）一带的7.3级地震，从而极大地减少了地震造成的人员伤亡（伤亡18308人，仅占地震区域总人口数的0.22%）和经济损失。这次预报开创了人类短临地震预报成功的先河，令

趣味链接

早在明清之际，我国地震预报活动曾出现一个高潮，当时民间就流传着一篇《震兆六端》的文章："地震之兆约有六端：一、井水本湛静无波，倏忽浑如墨，泥渣上浮，势必地震。二、池沼之水，风吹成谷荇交萦，无端泡沫上腾，若沸煎茶，势必地震……"可见，古人早已注意到了地震与一些异常现象的关联性，并有地震预报的尝试。

世界为之惊叹。

然而，仅一年之后，地震科学家就在唐山7.8级地震预报中，遭到了惨痛的失败。几乎与此同时，日本兵库地震、美国加利福尼亚地震也在毫无预警的情况下发生了。"实现预报的能力经常被作为某一科学学科是否充分发展了的一个标志。"从这个意义上来说，地震科学还远远谈不上成熟。

第一，目前人类对大陆地震孕育的构造背景、深部构造、震源区介质变形及震源物理化学过程、强震触发机理等因素，以及地震发生前可以观测到的各种异常现象的内在机理，还知之甚少，所以，当前的地震预报是在对地震孕育、发展、发生规律尚不清楚的情况下进行的；第二，目前地震预报主要是依靠观测地震前的各种现象来进行的，是经验性的，不可能做到非常精确。

与日本、美国相比，我国的地震预报研究在观测技术等方面仍有差距，但我国积累了大量的地震资料，特别是1966年邢台大地震后在70多次中强以上地震前观测到的上千条异常现象非常宝贵。

无论是地震预报成功的宝贵经验，还是失败的惨痛教训，都不能阻止地震学家们研究地震的步伐。我们相信，在不远的将来，人类一定能够找出预测地震的方法。

地震来临时，如何快速识别地震

地震来临时，在最短的时间内做出正确的应对，是极其关键的，它直接决定了你的生命安危。

大小不同的地震造成的破坏有很大差别，采取的避震方式也不相同。一般来说，地震时人们会感到先颠后晃。随着震中距离的加大，颠与晃的时间差会逐渐加长，颠与晃的强度会逐渐减弱；在一定范围以外，人们就感觉不到颠动，而只能感到晃动了。

如果地震时你感到颠动很轻，或者没有感到颠动，只感到晃动，说明这个地震离你比较远；颠动和晃动都不太强时，说明这个地震不是很大或距离远。在这两种情况下，大可不必惊慌失措，只需躲在坚实家具旁暂避即可。

倘若是一次强地震，情况就不一样了。大地震发生时，会出现许多人们平时难以想象，更难以遇到的情景，如出现强烈怪异的地声、地光；地面剧烈运动，甚至像大海的波涛起伏跌宕；建筑物随之大幅度晃动并坍塌；门窗变形，难以开启；室内物品纷纷坠落、倾倒；晚上电灯突然熄灭，四周陷入一片黑暗；空气中弥漫着大量烟尘、灰土，令人窒息；伴有火灾时更是烽烟滚滚、尘雾弥漫。

在大震时人们的身体严重失控，不能自主行动，例如：跑不动、站不稳、被晃摔倒，甚至有上抛和失重的感觉；有时还被抛出室外。突然出现的灾变，伴随各种怪异现象而来的房倒屋塌，以及震时莫名的身体失控，使人心

趣味链接

一般来说，一个人一生中遭遇到破坏性地震的概率还是很低的，而且现在建筑物的抗震性都非常高，所以大可不必杞人忧天，只要心里有了足够的防范意识，生活仍然可以很美丽。

理上产生巨大的恐惧感。

大地震从开始到振动过程结束（不计余震），时间十分短暂，不过十几秒至几十秒，因此，要因地制宜，立即进行紧急避震，只要坚持度过这恐怖的瞬间，就有生的希望。

我国古代的杰出成就——地动仪与浑天仪

伟大的科学家张衡

张衡（78—139年），我国东汉时期伟大的天文学家，浑天说的代表人物之一。他指出，月光是反射太阳的光线，解释了月食的成因，并且认识到宇宙的无限性以及行星的运动规律，包括其运动的快慢和距离地球的远近。

张衡观测记录了2500颗恒星，创制了漏水转浑天仪、候风地动仪，还制造了指南车、自动记里鼓车、飞行数里的木鸟等。他在数学、地理、绘画和文学方面，也表现出非凡的才能。

浑天仪

浑天仪

浑天仪是浑仪和浑象的总称。浑天仪浑仪是测量天体球面坐标的一种仪器，而浑象是古代用来演示天象的仪表。它们是我国东汉天文学家张衡所制的。

117年，张衡根据自己对天体运行规律的认识，在前人的基础上加以改进，创制了能够精确表现浑天思想的“浑天仪”。浑天仪是一个精铜制成的球形仪器，直径1米多，代表着天球，上面刻画有星宿、赤道、黄道、恒隐圈、恒显圈等。利用齿轮带动天球围绕着天轴转动，通过选择适当的齿轮个数，使天球的转动速度与地球自转的速度相一致，从而精确地表达星空的天象。

地动仪

地动仪是汉代科学家张衡的又一传世杰作，在张衡所处的东汉时代，地震比较频繁。据《后汉书·五行志》记载，自和帝永元四年（92年）到安帝延光四年（125年）的30多年，共发生了26次大的地震，地震区有时大到几十个郡，引起地裂山崩、江河泛滥、房屋倒塌，造成了巨大的损失。

张衡对地震有不少亲身体验，为了掌握全国地震动态，他经过长年研究，终于在阳嘉元年（132年）发明了候风地动仪。这也是世界上第一

地动仪

架地动仪。

候风地动仪是用精铜铸造而成的，是一个直径八尺，形状像酒坛子的圆筒，上面有隆起的圆盖，仪器的外表刻有篆文以及山、龟、鸟、兽等图形。仪器的内部中央立着一根铜质“都柱”，柱旁有8条通道，称为“八道”。道中安有“牙机”。仪器的外表铸有8条龙，头朝下，尾巴朝上，按照东、南、西、北、东南、东北、西南、西北8个方向布列。

龙头和内部通道中的发动机关相连，每个龙头嘴里都含有一个铜球。对着龙头，8个蟾蜍蹲在地上，个个昂头张嘴，准备承接铜球。

张 衡

当某个方向发生地震的时候，地动仪内部的“都柱”就向那个方向倾斜，触动“牙机”，使发生地震方向的龙头张开嘴，吐出铜球，就落到蟾蜍的嘴里。

候风地动仪是我国古代人民伟大智慧的结晶，在地震预报史上具有极其重要的历史地位。

第二章
Chapter 2

地震究竟是什么

地震是什么？一句话，地震其实就是地壳的水平和垂直运动。不过，地震可没有这么简单，它有很多的窍门需要留心，现在，就让我们来了解一下真实的地震。

地震的概念

地震的科学定义是：地壳在内、外应力作用下，集聚的构造应力突然释放，产生震动弹性波，从震源向四周传播引起的地面颤动。

地震是地球内部发生的急剧破裂产生的震波，在一定范围内引起地面振动的现象。地震就是地球表层的快速振动，在古代又称为地动。它就像海啸、龙卷风、冰冻灾害一样，是地球上经常发生的一种自然灾害。大地振动是地震最直观、最普遍的表现。在海底或滨海地区发生的强烈地震，能引起巨大的波浪，称为海啸。地震是极其频繁的，全球每

日本大地震后的惨景

趣味链接

地震具有一定的时空分布规律

从时间上看，地震有活跃期和平静期交替出现的周期性现象。

从空间上看，地震的分布呈一定的带状，称地震带。就大陆地震而言，主要集中在环太平洋地震带和地中海—喜马拉雅地震带两大地震带。

太平洋地震带几乎集中了全世界80%以上的浅源地震（0～60千米），全部的中源（60～300千米）和深源地震（>300千米），所释放的地震能量约占全部能量的80%。

年发生地震约550万次。

地震常常造成严重人员伤亡，能引起火灾、水灾、有毒气体泄漏、细菌及放射性物质扩散，还可能造成海啸、滑坡、崩塌、地裂缝等次生灾害。

浅源地震与深源地震

地震波发源的地方，叫作震源。震源在地面上的垂直投影，地面上离震源最近的一点称为震中。它是接受振动最早的部位。震中到震源的深度叫作震源深度。

通常将震源深度小于60千米的叫浅源地震，深度在60～300千米的叫中源地震，深度大于300千米的叫深源地震。对于同样大小的地震，由于震源深度不一样，对地面造成

趣味链接

破坏性地震的地面振动最烈处称为极震区，极震区往往也就是震中所在的地区。

观测点距震中的距离叫震中距。震中距小于100千米的地震称为地方震，在100～1000千米之间的地震称为近震，大于1000千米的地震称为远震，震中距越长的地方受到的影响和破坏越小。

的破坏程度也不一样。震源越浅，破坏越大，但波及范围也越小，反之亦然。

破坏性地震一般是浅源地震。如1976年的唐山地震的震源深度为12千米，2008年四川汶川地震的震源深度为20千米，2010年青海玉树地震的震源深度为14千米，2011年3月11日东日本大地震的震源深度为10千米。这些破坏力巨大的地震都属于浅源地震。

震中到底在哪里

每次地震发生的时候，我们都会听到新闻里强调“震中”的位置，看见“震中”的重要意义。只有确定了震中，人们才能更加有效地开展地震救援和地震研究。

很多人经常会把震中和震源混为一谈，这是错误的。震中是震源在地表的投影点。震中也称震中位置，是震源在地表水平面上的垂直投影用经、纬度表示。实际上震中并非一个点，而是一个区域。

震中的区域称为震中区，震中区是地震破坏最强的地区。从震中到任一地震台（站）的地面距离，称震中距。确定震中位置一般有两种方法：

一是震后调查，将破坏最厉害的地方定为震中，称宏观震中；

二是根据地震仪测定的震源在地面上的投影，称微观震中。由于震源区的物理状态和地震区地质条件等因素的影响，地面上破坏力最大的地点不一定正好位于震源的正上方，因而宏观震中不一定与微观震中重合。

地震震级

地震震级是根据地震时释放的能量的大小而定的。一次地震释放的能量越多，地震级别越大。目前人类有记录的震级最大的地震是1960年5月21日智利发生的9.5级地震，所释放的能量相当于一颗1800万吨炸药量的氢弹，或者相当于一个100万千瓦的发电厂40年的发电量。2008年的汶川地震所释放的能量大约相当于90万吨炸药量的氢弹，或100万千瓦的发电厂2年的发电量。

目前国际上一般采用美国地震学家查尔斯·弗朗西斯·芮希特和宾诺·古腾堡于1935年共同提出的震级划分法，即现在通常所说的里氏地震规模。里氏规模是地震波最大振幅以10为底的对数，并选择距震中100千米的距离为标准。里氏规模每增强一级，释放的能量约增加32倍。

小于里氏规模2.5的地震，人们一般不易感觉到，称为小震或者是微震；里氏规模2.5～5.0的地震，震中附近的人会有不同程度的感觉，称为有感地震，全世界每年大约发生十几万次；大于里氏规模5.0的地震，会造成建筑物不同程度的损坏，称为破坏性地震。

里氏规模4.5以上的地震可以在全球范围内监测到。

地震烈度

同样大小的地震，造成的破坏不一定是相同的；同一次地震，在不同的地方造成的破坏也不一样。

为了衡量地震的破坏程度，科学家又“制作”了另一把“尺子”——地震烈度。

在中国地震烈度表上，对人的感觉、一般房屋震害程度和其他现象作了描述，可以作为确定烈度的基本依据。影响烈度的因素有震级、震源深度、距震源的远近、地面状况和地层构造等。

一般情况下仅就烈度和震源、震级间的关系来说，震级越大，震源越浅，烈度也越大。一般来讲，一次地震发生后，震中区的破坏最

重，烈度最高；这个烈度称为震中烈度。从震中向四周扩展，地震烈度逐渐减小。

所以，一次地震只有一个震级，但它所造成的破坏，在不同的地区是不同的。也就是说，一次地震，可以划分出好几个烈度不同的地区。这与一颗炸弹爆后，近处与远处破坏程度不同道理一样。炸弹的炸药量，好比是震级；炸弹对不同地点的破坏程度，好比是烈度。

中国地震烈度表

1度：无感——仅仪器能记录到。

2度：微有感——特别敏感的人在完全静止中有感。

3度：少有感——室内少数人在静止中有感，悬挂物轻微摆动。

4度：多有感——室内大多数人，室外少数人有感，悬挂物摆动，不稳器皿作响。

5度：惊醒——室外大多数人有感，家畜不宁，门窗作响，墙壁表面出现裂纹。

6度：惊慌——人站立不稳，家畜外逃，器皿翻落，简陋棚舍损坏，陡坎滑坡。

7度：房屋损坏——房屋轻微损坏，牌坊，烟囱损坏，地表出现裂缝及喷沙冒水。

8度：建筑物破坏——房屋多有损坏，少数破坏路基塌方，地下管道破裂。

9度：建筑物普遍破坏——房屋大多数破坏，少数倾倒，牌坊，烟囱等崩塌，铁轨弯曲。

10度：建筑物普遍摧毁——房屋倾倒，道路毁坏，山石大量崩塌，水面大浪扑岸。

11度：毁灭——房屋大量倒

趣味链接

一次8.5级地震所释放出的能量，如果换算成电能，相当于我国甘肃刘家峡水电站工作八九年所能发出的电量总和。这还不是它所具有的全部能量，因为有一部分能量在地震发生过程中转变成了热能和使岩层发生断裂位移的机械能了。

塌，路基堤岸大段崩毁，地表产生很大变化。

12度：山川易景——一切建筑物普遍毁坏，地形剧烈变化，动植物遭毁灭。

举例形象点说，1976年7月28日唐山地震，震级为7.8级，震中烈度为11度；受唐山地震的影响，天津市地震烈度为8度，北京市烈度为6度，再远到石家庄、太原等就只有4至5度了。1920年海原地震，是中国历史上唯一被定为12度的地震。

在2008年5月12日的四川汶川地震中，震中汶川和邻近的北川县城的烈度都达到了11度。

地震产生的杀手——地震波

地震波是由地震震源发出的在地球介质中传播的弹性波。地球内部存在着地震波速度突变的基干界面、莫霍面和古登堡面，将地球内部分为地壳、地幔和地核三个圈层。

地震发生时，震源区的介质发生急速的破裂和运动，这种扰动构成一个波源。由于地球介质的连续性，这种波动就向地球内部及表层各处传播开去，形成了连续介质中的弹性波。

以地球为参照物，可将地震震源与接收点之间的关系分为四种：

地震就在“脚下”；

地震在100千米范围内；

地震在100～1000千米范围内；

地震在1000千米之外。

趣味链接

地球的结构就像鸡蛋，可分为三层。中心层是“蛋黄”——地核；中间是“蛋清”——地幔；外层是“蛋壳”——地壳。地震一般发生在地壳之中。地球在不停地自转和公转，同时地壳内部也在不停地变化。由此而产生力的作用，使地壳岩层变形、断裂、错动，于是便发生地震。

在这四种情况下，起决定性作用的地震波是不同的。

对于地震“就在脚下”和地震在100千米范围内的情况，可以清楚地看到“走在前面”的纵波和“走在后面”的横波及其尾波，由于震源与观测者之间的距离比较近，所以地震波的高频成分还没有被衰减掉。正是这些高频成分造成了地面上的普通建筑物的破坏。

强地震波的破坏力惊人，不过也会随着距离的增加逐渐衰减。所以，一般情况下，距离震中越远，受破坏的情况就越小。

对于地震在100～1000千米范围内的情况，除了能见到纵波、横波及其尾波之外，还能见到一类特殊的地震波——首波。首波的出现主要是因为在地壳下方的波速比地壳中的波速高，所以走在地壳下方的波反而比走在地壳中的波“先行到达”。此外，来自地壳下部以及地壳内部的间断面的反射和转换波也经常能看得到。在一些情况下，还可以见到“发育”得不是特别好的面波。

对于地震在1000千米之外的情况，地震波可以分成两类，沿地球表面传播的面波此时具有广阔的空间去传播，而体波则可以穿透到更深

地震导致古代城市的消失

的地球内部。由于体波的几何衰减是“立体”的，而面波的几何衰减是“平面”的，所以面波的衰减自然比体波慢得多，在这种情况下，面波变成了地震波的主角，不过体波也有丰富的表现。只是由于震源与地震台站之间的距离比较大，所以高频成分大部衰减掉了，此时地震波以长周期为主。

地震活跃地区——地震带

地震的地理分布受一定的地质条件控制，具有一定的规律。地震大多分布在地壳不稳定的部位，特别是板块之间的消亡边界，形成地震活动活跃的地震带。全世界主要有三个地震带：

一是环太平洋地震带，包括南、北美洲太平洋沿岸，阿留申群岛、堪察加半岛，千岛群岛、日本列岛，经我国台湾再到菲律宾转向东南直至新西兰，是地球上地震最活跃的地区，集中了全世界80%以上的地震。本地震带是在太平洋板块和美洲板块、亚欧板块、印度洋板块的消亡边界，南极洲板块和美洲板块的消亡边界上。

二是欧亚地震带，大致从印度尼西亚西部，缅甸经中国横断山脉，喜马拉雅山脉，越过帕米尔高原，经中亚细亚到达地中海及其沿岸。本地带是在亚欧板块和非洲板块、印度洋板块的消亡边界上。

趣味链接

中国地处世界上两个最大地震集中发生地带——环太平洋地震带与欧亚地震带之间，受太平洋板块、印度板块和菲律宾海板块的挤压，地震断裂带十分发育。在我国发生的地震又多又强，其绝大多数又是发生在大陆的浅源地震，震源深度大都在20千米以内。因此，我国是世界上多地震的国家，也是蒙受地震灾害最为严重的国家之一。

三是中洋脊地震带，包含延绵世界三大洋（即太平洋、大西洋和印度洋）和北极海的中洋脊。中洋脊地震带仅含全球约5%的地震，此地震带的地震几乎都是浅层地震。

地震时的现象

地震发生时，最基本的现象是地面的连续震动，主要特征是明显的晃动。

极震区的人在感到大的晃动之前，有时首先感到上下跳动。这是因为地震波从地内向地面传来，纵波首先到达的缘故。横波接着产生大振幅的水平方向的晃动，是造成地震灾害的主要原因。

1960年智利大地震时，最大的晃动持续了3分钟。地震造成的灾害首先是破坏房屋和建筑物，如1976年中国河北唐山地震中，70%～80%的建筑物倒塌，人员伤亡惨重。

地震对自然界景观也有很大影响。最主要的后果是地面出现断层和地震裂缝。大地震的地表断层常绵延几十至几百千米，往往具有较明显的垂直错距和水平错距，能反映出震源处的构造变动特征（见浓尾大地震、旧金山大地震）。但并不是所有的地表断裂都直接与震源的运动相联系，它们也可能是由于地震波造成的次生影响。

特别是地表沉积层较厚的地区，坡地边缘、河岸和道路两旁常出现地裂缝，这往往是由于地形因素，在一侧没有依托的条件下晃动使表土松垮和崩裂。地震的晃动使表土下沉，浅层的地下水受挤压会沿地裂缝上升至地表，形成喷沙冒水现象。

大地震能使局部地形改观，或隆起，或沉降。使城乡道路坼裂、铁轨扭曲、桥梁折断。在现代化城市中，由于地下管道破裂和电缆被切断造成停水、停电和通信受阻。煤气、有毒气体和放射性物质泄漏可导致火灾和毒物、放射性污染等次生灾害。在山区，地震还能引起山崩和滑坡，常造成掩埋村镇的惨剧。崩塌的山石堵塞江河，在上游形成地震湖。1923年日本关东大地震时，神奈川县发生泥石流，顺山谷下滑，远达5千米。

地震后要当心余震

余震是在主震之后接连发生的小地震。余震一般在地球内部发生主震的同一地方发生。通常的情况是一次主震发生以后，紧跟着有一系列余震，其强度一般都比主震小。余震的持续时间可达几天甚至几个月。

“余震”的主要成因是由地震引起的“动态”地震波的冲击，而不是原先认为的缘于地震引发的断层附近的地壳重整。

打一个形象的比方，余震好比人说话的回声，虽然能量不及前面的地震强，但威力叠加起来，经过多次打击的建筑物可能就承受不住了。余震的出现是在大震之后，其能量虽不足为患，但多次余震也会造成灾害。

美国地球物理学家发现，“余震”的主要成因是由地震引起的“动态”地震波的冲击，而不是原先认为的缘于地震引发的断层附近的地壳重整。

科研人员研究了在1984年至2002年间，发生在南加州的数千次地震中主震之后的2至6次余震的精确数据。他们发现，在距离震中50千米之外，余震的发生数量急剧下降。

他们说这意味着一个平稳的量引发了整个运作过程，在50千米的距离中静态压力的改变几乎可以忽略不计，因此“动态应力”是余震

趣味链接

相对于主震而言，余震震级大大减小，但也绝对不可掉以轻心。

在2011年4月11日，也就是3月11日大地震后的整一个月，日本再次遭遇余震。据美国地质勘探局测定震级为里氏7.1级，震中位于福岛县福岛市东南86千米，东京东北160千米，震源深度10千米，时间为东京时间11日17时16分（北京时间16时16分）。日本气象厅测定震级为7级，震源深度6千米。

的罪魁祸首。他们还指出，地震波在距离上的衰减遵循指数规律。

研究者认为，这个结果将对地震过后预测余震的发生产生影响。科学家们认为："我们研究余震预测的一个关键点是，余震发生可能性与主震的烈度成正比。换言之，如果你知道地震波的振幅，你就可以在概率意义上预测在某点是否有余震。"

作为地震后的幸存者，了解余震的特性是非常重要的。它可以使人们有针对性地采取避难措施，尤其注意不要盲目回到尚未倒塌的房屋取回财物，以免发生危险。

不可思议的地震益处

地震也有益处？看到这个标题，你可能大呼不解，这种人类的大灾难如何能够对人类有益呢？

地震是一场巨大的灾难。但世间一切事物都有它一分为二的一面，令世人谈之色变的地震同时也带来难得的好处。

· 奇山异水显风光。

世界上许多奇山异水的形成得益于地震。地震时由于地壳剧烈运动，地层断裂。在断裂带上升凸起处，便形成断块山；在断裂带下沉凹陷处，又形成凹陷湖、盆地等。我国巍峨挺拔、风光旖旎的黄山、华山、庐山、泰山等都是断块山；青海湖、洞庭湖、鄱阳湖和云南的滇池、洱海等都是断层凹陷湖。有些地震断裂带上还出现大大小小的山泉，犹如一株藤蔓上的串串瓜果。如著名的重庆南温泉和北温泉，南京东郊的汤山温泉和北郊江浦县境内的汤泉等。

· 丰富的矿产资源。

地震时地壳相对运动，会把埋在地球深处的矿物质推到地球表面上来，为人类找矿提供了便利。

例如，我国西南横断山区，川、滇、藏三省（区）交界的金沙江、澜沧江、怒江地区，由于地震较多，这里就形成一条南北长近1000千米，面积达55万平方千米的多金属成矿带。矿床规模很大是世界级成矿规模矿区，已开发的有个旧锡矿、攀枝花铁矿等。

第三章
Chapter 3

地震前大自然的异常征兆

在这个世界上，没有任何事物是没有预兆的，地震也是如此。在地震之前，大自然一定会给我们一些警示，关键是我们能够及时、准确地了解和掌握它，让它为我们“通风报信”。

大地震前的小震

地震活动异常需要人们密切关注，大小地震之间也有一定关系，大地震虽然不多，小地震却很频繁，研究中小地震的活动特点，有可能帮助人们预测下次大震的发生。

有的大地震发生前几天或几小时，会发生一系列多达几十至几百次小地震，科学家称之为前震。

在我国的地震史料中有不少震例记有前震活动。如公元1512年有“五月云南地连震十三日，八月云南地大震”的记载。1668年7月25日镇江府、丹阳“戌时地震，先数日微震一次，是日震甚，山动摇，江河之水皆为鼓荡，停泊之舟多覆溺，城内外震裂墙屋无算”。就是说在强震发生前数月或数日存在前震现象。

由于观察认识到大震前有一系列小震，因此便可利用前震预报大震，并设法预防大震。比如1809年8月11日贵州正安“小溪里、罗乾溪忽山动石坠，居民即将器具牛羊移居对山，迁毕地摇，房屋倒塌，田土尽翻，山泉凝而为潭，深不可测”。这说明，正安发生强震前，在小溪里、罗乾溪存在明显的小震活动，当地老百姓在观察到这种前震现象后，马上采取措施，人畜财物转移到安全地方，避免了伤亡出现。

小震活动不断，但无大震发生的现象也很多。另外小震活动不明显，发生大震的例子也常出现。所以，以小震活动作为前兆预报地震，目前不具有普遍意义。

趣味链接

从太空望去，有一颗美丽的蓝色星球，这就是我们的家园——地球。形象地讲，地球的内部像一个煮熟了的鸡蛋：地壳好比是外面一层薄薄的蛋壳，地幔好比是蛋白，地核好比是最里边的蛋黄。地壳的运动与变化并非都是缓慢的，有时也会发生突然的、快速的运动；这种运动骤然爆发，常常给我们的星球带来灾难，其中骤然发生的地震对人类的危害最为严重。

地形发生的异常变化

地震首先是地壳发生的断层和位移，因此，从根本上说，地震前夕，地壳肯定会有一些异常的征兆，地形变异常。大地震发生前，震中附近地区的地壳可能发生微小的形变。科学家们通过精密的仪器，就可以找到细微的变化，再结合过去几千万年的历史变化，找出其内在的关联和潜在的发展方向，就可以大致推断出地震的来临。

1966年邢台地震前，震区内某水准点的高程就发生了变化。从1964年12月开始，一反其历年来趋势下降的常态，以每年82～110毫米的速度急剧上升，到1996年3月15日突然又转为迅速下降，到3月22日就发生了地震。

1968年山东郯城8.5级大震之前，在震中区东面海上有个小岛，随着地面慢慢隆起，小岛不断上升，后来同大陆连成一片。地震爆发时，极震区东侧猛然上升，使相邻的江苏赣榆东面的海水后退了15千米。

美国地震学家沿着圣安德烈斯大断层共布设了80多个观测点。由

大地的变迁就是地震的杰作之一

趣味链接

古人以“山无棱，江水竭，冬雷阵阵，夏雨雪”来形容世间一切不可能发生之事，也预示着奇异事情的即将发生。在地震前，世界上的各个角落里，都会发生大大小小、形形色色的变化和异常，因此，善于观察这些异动，就显得尤为重要。

于这条断层活动频繁，加利福尼亚州西海岸因此成为世界上地震最频繁的地区之一。圣安德烈斯断层的突出特点在于水平方向错动。如1906年地震时，一次断层两侧错动了6.4米，按此方法推算，从侏罗纪到现在，该断层水平位移量已达500千米。目前据卫星测定，该断层有的地段水平剪切相对速率可达每年5厘米。

日本在几次大震之前，也有异常现象发生。如1964年日本新潟地震之前9小时左右，发觉了应变异常。当时在距主震震中70千米远的20架垂直向应变仪（垂直伸缩仪，放在40米深的井内）中，有15架记录到地面发生0.3～0.4毫米的垂直膨胀。

地下断层的活动是大多数地震发生的直接原因，大地形变测量能够监视断层的活动，配合其他方法，如地声可监视断层微破裂等，就有可能准确地判定断层活动的状态，沿着这个思路，大地形变测量能为地震综合预报提供极其有用的判断依据。

电磁场发出的警报

地球本身是一个巨大的磁场，地磁场的形成具有一定特殊性，按照旋转质量场假说，地球在自转过程中产生磁场。但是，从运动相对性的观点考虑，居住在地球上的人是不应该感受到地磁场的，因为人静止于地球表面，随地球一同转动，所以地球上的人是无法感觉到地球自转产生的磁场效应的。

在地震来临之前，地球内部的运动发生了变化，物质和位置都有可能出现异常，进而地磁场也会出现异常，从而产生某种异常征兆。

趣味链接

从我国的宁夏，经甘肃东部、四川中西部直至云南，有一条纵贯中国大陆、大致呈南北走向的地震密集带，历史上曾多次发生强烈地震，被称为中国南北地震带。2008年5月12日，汶川8.0级地震就发生在该带中南段。该带向北可延伸至蒙古国境内，向南可到缅甸。

地球的地磁引力与人类的电磁活动紧密相关。虽然人感觉不到地磁场的变化，人类的电磁活动却无时无刻地受到影响。因此，在地震来临之前，人类的电磁活动也必然会受到影响和干扰，这也为人类预测地震提供了一个新的、简易的方法。

· 在唐山地震前夕，距唐山200多千米，海拔1350米的延庆县（现北京市延庆区）佛爹顶上的一台测雨雷达，以及附近一台空军警戒雷达，在7月26日、27日，连续收到来自京、津、唐上空一种奇异扇形指状回波，这种回波与海浪干扰、晴空湍流等引起的回波都不一样，使监测人员十分惶惑。而京、津、唐人们就在这个强大的磁场中毫无知觉地穿行。

· 日本的江户闹市区，曾经有一位开眼镜铺的商人，他用长约90厘米的一个马蹄形磁铁，在马蹄形磁铁上面沾满铁钉，用此来招引顾客。

但是，在1855年江户大地震发生的当天，吸到磁铁上的铁钉及其他铁制商品，突然掉落在地，使他大为惊愕。2小时后，一次破坏性大地震发生了，震撼了整个市区。地震过后，发现那块磁铁又恢复了往日的吸铁功能。类似的事件，在我们国家也曾多次出现。

· 云南通海1970年1月5日发生7.8级大地震。震前，震中区有人在收听中央人民广播电台的广播，忽然发现收音机音量减小，声音嘈杂不清，特别是在震前几分钟，播音干脆中断。再如，1973年2月6日四川炉霍7.9级地震之前，县广播站的人发现，在震前5～30分钟，收音机杂音很大，无法调试，接着发生了大地震。

其实，地震前磁场变化，很早就被人们注意到了。1872年12月15日印度发生地震前，巴西里亚至伦敦的电报线上出现了异常电流；1930年日本北伊豆地震时，电流计也记到了海底电线上的异常电流。

地震能引起电磁场的变化。一般认为磁场变化的原因有两个，一是地震前岩石在地应力作用下出现“压磁效应”，从而引起地磁场局部变化；二是地应力使岩石被压缩或拉伸，引起电阻率变化，使电磁场有相应的局部变化。岩石温度的改变也能使岩石电磁性质改变。

因此，观测电磁场变化成为预报地震的主要手段之一。

水发出的警报

·2008年四川汶川地震前夕，4月26日早上7时，湖北恩施市白果乡下村坝村直径约百米、水深数十米、常年不干的观音塘约8万立方米的蓄水在5小时内全部消失，水面突然出现漩涡，并伴有轰鸣声。当地报纸还报道了有一户人家的井水忽然变成了翻腾的热水、鸡都飞到了树上等奇异现象。

·唐山地震前夕，在唐山东南的海岸线上，浪涛在发出动人心魄的喧响。7月下旬起，北戴河一带的渔民就感到疑惑：原来一向露出海面的礁石，怎么被海水吞没了。距唐山较近的蔡家堡至大神堂海域，渔民似乎不太相信自己的眼睛；那从来是碧澄澄的海水，为什么变得一片浑黄？在不平静的海底深处，就像有一条传说中的龙尾在摆动，在搅动着海底深处的泥土。

据当时在秦皇岛附近水域中作业的一位潜水员说，他看见了一条彩色绚丽的光带，就像一条金色的火龙，转瞬即逝。

·河北邢台隆尧县马兰大队有三口水井，一口在村南，一口在村东，一口在村东北。

1966年3月村南那口井突然向外喷砂，村东那口井井水突然冒气泡、翻油花，而村东北那口井井水突然变苦……这三口井出现这些异常之后，不久邢台发生了大地震。

·1975年2月4日海城地震之前，先后发现467口井水位有升降变化，此外出现井水翻花冒泡、变浑、变味、变色、浮油花等总共449起。如岫岩县哨子河公社油房沟生产队的养鱼池，在震前4小时，水从冰面上的通气孔中突然喷出，水柱高达20米左右。

·云南玉溪1970年1月大地震前，某公社出现严重旱情，但在大震前六七天，却有几口井的水位突然显著升高，有的甚至溢出井外；那里有几条河，在天旱无雨的情况下，突然变浑而且流量增大；在极度震区，某村的一口甜水井，不仅水位急剧下降，而且水的味道也变咸变苦，相反，有的井水却突然变甜；有的井水，煮的饭变红，用来做豆腐，豆浆不能板结。

趣味链接

一次中强以上地震前后，在震源区及其附近，往往有一系列地震相继发生；这些成因上有联系的地震就构成了一个地震序列。

根据地震序列的能量分布、主震能量占全序列能量的比例、主震震级和最大余震的震级差等，可将地震序列划分为主震-余震型、震群型、孤立型三类；根据有无前震，又可把地震序列分为主震-余震型、前震-主震-余震型、震群型三类。

由于强震发生后，往往还会有较大余震，甚至更大地震发生，所以震后还须防备强余震的袭击。

·苏联的塔什干1966年发生了一次5.6级地震。该地区有一口2000米的深井，自1961年起至震前，井水中氡的含量增加了3倍，地震发生后又恢复正常。以后，许多国家相继利用井水开展氡气测量，用以预报地震。

大地震之前，震区范围的地下含水岩石在构造运动的过程中，受到强烈的挤压或拉伸，引起地下水的重新分布，出现水位的升降和各种物理化学变化，使水变味、变色、混浊、浮油花、出气泡等。

由于地下水与河流之间存在互相补给的关系，震前地下水的变化，也会引起河水流量的变化。震前地下水发生的异常变化，是一种很重要的地震前兆现象，是目前预测预报地震的重要手段之一。

大气发出的警报

地震前，尤其是大震前，大气往往还会出现多种反常的现象，如怪风、暴雨、大雪、大旱、大涝、骤然增温或酷热蒸腾等。

与此相应的温度、气压的变化，会使人体感到不适。

·2008年5月12日四川汶川地震前，5月9日至11日，距离汶川中等距离的山西五台山在初夏季节连降大雪，山顶都为冰雪覆盖。

·1920年12月16日，宁夏海原地震，有“未震之前数日，四面天边，变黄如火焰，晴空干燥，人均感觉焦灼干燥”的记载。

·1925年3月16日，云南大理地震，震前“久旱不雨，晚不生寒，朝不见露”。

·1975年2月4日，辽宁海城发生了7.3级大地震，地震之前，当时虽已是严冬季节，天气却特别暖和，有时能听到雷声；个别阴坡没有冻土，长青草，有的地方还发现蝴蝶和昆虫。1月31日出现高温低压，从

2月2日起气温连续上升，气压急剧下降，到2月4日，日平均气温出现顶峰，比常年高8℃。另外，2月3日上午3时至10时，震区气温突然上升，形成一个以海城为中心的急剧升温区，两个小时内海城增温12℃，而离海城较远的大连市增温2℃。

·1973年2月6日四川炉霍发生7.9级地震，“震前几小时风尘大作，风向紊乱，上下乱窜”。1966年2月5日，云南东川发生6.5级地震，地震前三日连续有霾，震前一日霾的浓度最大。

·新疆乌什1971年3月23日发生6.3级地震前几天，雾气腾腾，灰尘满天。

大震前的各种大气异常现象，近年来有很多报道，可以说，临震大气物理现象都不是孤立的，但由于地震前兆现象和气象本身的自然现象容易混淆，还必须进一步加强研究。

趣味链接

地震有些时候造成的灾害并不是由地震直接造成的，而是人类的活动——火。

1923年日本东京大地震，时值中午做饭的时刻，房屋一塌，烟火骤起，消防车被倒塌的房屋埋住，消防队也束手无策，眼睁睁地望着大火越烧越旺。下午4时火势已无法控制，惊恐不知所措的灾民奔向广场和大河的两岸，拥集在广场的人，被大火团团围住，再无退路，集体被烧死，其惨状目不忍睹。逃向河边的人无路可走又涌上桥头，大火又把桥头围住，难民或跳河淹死或被烈火烧死，桥上、河岸边尸体堆积如山，大火持续了3天2夜，有56000人在大火中丧生，占死亡人数的40%。

地光发出的警报

地光是地震前兆之一，是在地震前夕出现在天边的一种奇特的发光现象。从大量震例的调查结果看，其颜色以蓝白色和红色居多，黄色次之，其他颜色也有。地光的外观形态，既有呈片状大面积分布在震区上空，天地红光一片，极似火烧云的；也有呈带状横亘天际，像彩虹的；而1970年云南通海大地震，人们在峨眉山县城附近看到的，则是高3～4米的红色柱状光；此外，还有球状和不规则状等。

地光在文献中有不少记载。震前的地光现象非常突出。地光出现的时间大多与地震同时，但也有在震前几小时和震后短时间内看到的。其形状有带状光、闪光、柱状光、片状光等。颜色也是多种多样的。低空

大气中出现的片状光、弧状光和带状光等多为青白色，地面上冒出的火球、火团则多为红色。

地光常在大地震临震前出现，并常伴有低沉的“呜呜”声传来，从而起到了报警作用。

地震前夕为什么会有地光产生呢？这是因为地下深处的岩石中含有氦、氩、氖、氙等气体，地震即将到来时，地下岩石受力形变并已产生了许许多多的小裂缝，这些挥发性气体便从地下逸出。另外，岩石破裂时也产生漫射电子，从而将这些气体点燃，于是便形成了地光。

·2008年四川汶川地震时，5月12日13点56分天水市秦州区千年古寺“南廓寺”上空出现百年罕见佛光。5月12日14点30分左右，甘肃天水明显能感觉到强烈的地震。

·1966年苏联塔什干发生地震，一位工程师“听到左方传来发动机隆隆的响声，同时闪现出耀眼的白光，晃得睁不开眼，持续了4.4秒钟，接着地震来了，差点把他摔倒在地上。地震过后，光也就暗下来了。”

地震伴有发光现象并非偶然。在我国近年就至少有二三十次地震伴有地光。地光的颜色很多，有红、黄、蓝、白、紫等。地光的形状不一，有的呈片状或球伏，也有的像电火花似的。地光的出现时间一般很短，通常一闪而过，所以不易观测。

·1975年2月4日我国海城、营口发生了7.3级地震，东自岫岩，西到锦县，北起辽中，南到新金，当时震区有90%的人都看到了地光。近处可见一道道长的白色光带，远处则见到红、黄、蓝、白、紫的闪光。此外，还有人看到从地裂缝内直接射出的蓝白色光，以及从地面喷口中冒出粉红色火球，火球像信号弹一样升起十几米到几十米后消失。

由于地光有时出现在大震之前，因此它是临震前的一种前兆，可以用来进行临震预报。

趣味链接

地光时间很短，瞬时即逝，但它是地震前大自然向我们发出的警报，当观察到这种地震前兆后，应该利用这个短短的时间，采取防避措施，减免生命财产的伤亡损失。

·1976年5月29日20时23分和22时在云南的龙陵、潞西一带发生7.5级与7.6级两次强烈地震时，一值班的同志观察到震区上空出现一条橘红色的光带，便当机立断，拉响了警报器，疏散人员，避免了重大伤亡。

·1976年7月28日3点42分河北的唐山、丰南一带发生7.8级大地震，从北京开往大连的129次直达快车，满载着1400多名旅客于3点41分正经过地震中心唐山市附近的古冶车站，这时司机发现前方夜空像雷电似的闪现出三道耀眼的光束，他果断沉着地使用了非常制动闸，进行了紧急刹车，紧接着大地震发生了，列车却稳稳地停驶下来，避免了脱轨和翻车的危险，保证了列车和广大旅客的安全。

地声发出的警报

地震时地下发出的声音叫地声。地震发生时，一小部分地震波能量传入空气变成声波而形成的声音。在基岩露出地表和表土层很薄的靠山地区，容易听到地声。听到地声的时间一般在感到地面振动之前，也有的在感到地面振动之后。

地声主要表现为：狂风怒吼声或山洪咆哮声，兵戈澎湃声，马达轰鸣声，响雷声或闷雷声，大树折断的“咔嚓”声或履带拖拉机、坦克开动时的吼叫声，撕布声，等等。地震、山崩时有液体或气体从地壳内冲出或爆炸，在地内运移等都可造成发声现象。

由于声源介质、能量、传播介质、距离，人的经历，精神状态各不相同，再加上不同地形地物的反射折射等，人们描述地声时自然就千奇百怪、各具特色了。

地声是由于地下岩石的结构、构造及其所含的液体、气体运动变化所导致的，有相当大部分地声是临震征兆。掌握地声知识对于紧急避险防灾好处很多。

·1976年唐山7.8级地震震中100千米范围内，在临震前尚没入睡的居民中，有95%的人听到了震前的地声。震前地声最早出现在7月27日23时左右，这些早期听到的地声

趣味链接

根据地声的特点，能大致判断地震的大小和震中的方向。一般说，如果声音越大，声调越沉闷，那么地震也越大；反之，地震就较小。当听到地声时，大地震可能很快就要发生了，所以可把地声看作警报。听到地声，就应该立即撤离房屋，采取防御措施，以避免和减少伤亡损失。

比较低沉。如在河北遵化县（现河北省遵化市）、卢龙县，很多人在27日23时听到远处传来连绵不断的“隆隆”声，声色沉闷，忽高忽低，延续了一个多小时。在京津之间的安次、武清等县听到的地声，就像大型履带式拖拉机接连不断地从远处驶过。在剧烈的地震到来前半个小时到几分钟内，震区群众听到了不同类型的地声。据后来人们回忆，有的听来犹如列车从地下奔驰而来，有的如狂风呼啸而过，伴随飞沙走石、夹风带雨的混杂声，有的似采石放连珠炮般声响，在头顶上空炸开，或如巨石从高处滚落。这奇怪的声响和平日城市噪声全然不同。

地声一般出现在震前几分钟、几小时，几天或几十天内。实际上临震前几分钟内出现者居多。所以地声确是一种临震的信号。有的震区正是因为重视奇怪的地声现象，才使人们躲过了灾难。

·1830年6月12日河北磁县发生7.5级大震，震前人们听到地声如“雷吼”，若“千军涌溃，万马奔腾”，于是“争先恐后，扶老携幼，走避空旷之区”，紧接着发生了“屋宇倾颓，砖瓦雨下”的地震灾害。

第四章
Chapter 4

地震前动植物的异常征兆

在地震的预报方面，动物和植物通过它们天生的感官，会有一些异常的表现，这一点，是值得我们这些“高等”的人类学习的。我们应当虚下心来，向这些“老师”学习。

地震预测，动物走在了人类前面

先知先觉的动物

在1978年美国地质调查局出版的《地震情报通报》中，刊登了一幅幽默的漫画：一只闭眼、张口，惊恐惨叫的黑猩猩，照片的上方写道："为什么我能预报地震，而地震科学家却不能。"

这是人类经过千百年来的教训得到的宝贵经验。这个世界通过各种形式告诉我们，地震前会发生一些前兆，譬如动物反常、地下水异常、天气变化异常等，此类经验已被广泛认可并写入了教科书。

在地震灾害到来之前，其实动物要比人类有先知先觉。在震后，当人们在总结地震经验时，常常会提到震前动物异常现象，可惜的是在震

动物对地震有先天的敏感性

前很少有人对此进行防范。

我们先看看下面这个故事。

意大利提尼克岛火山1902年5月8日爆发，有3万多人死于非命。在清理废墟时，只见到一只猫的尸体。原来猫早已逃走了，不仅如此，在火山爆发前一个月，城郊树林里已听不到鸟叫。5月3日，一位中学教师在日记中写道“狗吠，母牛在路上急促地奔跑”。如果人们在事前早有警觉，这次灾情便会大大降低。

在地震发生之前数星期或数个月，有些动物会出现一些怪异现象，如：信鸽迷失方向、耕牛掀翻牛棚、老鼠白天在马路上乱窜、狗整天吠叫等。

对地震敏感的动物

据统计，目前已发现地震前有一定反常表现的动物有100多种，其中反应普遍且比较确切的约有20种，常见的有：

大牲畜，如马、驴、骡、牛等；

家畜，如狗、猫、猪、羊、兔等；

家禽，如鸡、鸭、鹅、鸽子等；

会飞的昆虫，如蜜蜂、蜻蜓等；

大猩猩的智商较高

趣味链接

大地震前会出现多种类的宏观异常，已被大量的地震活动所证实。如何识别它却是一个复杂的问题。

一般来说，产生非震动物异常的干扰因素有天气因素（如鱼类上浮、蛙类迁徙）、生理因素（如动物生病发情）、环境因素（如水质污染）、敌害侵扰等等。产生非震地下水异常因素有自然因素，包括气象、水文、地质、生物等干扰的因素影响。人为因素包括灌溉、注水、排水等。产生非震的植物异常因素有病虫害和气象异变。

地震前宏观异常的特点，一是不是上述非震影响因素导致；二是宏观异常有规律性，空间上受地质构造控制，时间上有同步性，各类上有广泛性，数量上有众多性。当然，若判断是否地震异常，还必须综合地震活动和其他微观前兆监测手段变化来确定。

穴居动物，如鼠、蛇、黄鼠狼等；

水生动物，如鱼类、泥鳅等。

这些动物的反常表现大体有三类：

第一类是兴奋型异常。如惊恐不安、不进圈、狂吠，如癫如狂，仓皇逃窜；惊飞、群迁等。

第二类是抑制性异常。如行动变得迟缓，或发呆发痴，不知所措，或不肯进食等。

第三类是生活习性变化。如正在冬眠的蛇出洞，老鼠白天活动不怕人，大批青蛙上岸活动等。

应该进一步说明的是，动物异常的原因很复杂，很多时候与地震之间没有任何关系，所以在观察宏观变化时，一定要注意识别真伪，并及时向地震部门报告。

动物能够预测地震的可能原因

动物能够预测地震，也是震后人们在回顾这些事件时总结出的经验。但是，现实中也确实发生了许多动物大规模异动后，没有发生任何灾难性的事件，所以，关于动物预测地震的准确性，尚很难绝对肯定。

但是，毫无疑问的是，动物在某些方面要远远优于我们人类。凭借着这些优势，动物可能感觉到地球内部发生的某种变化，加上动物普遍具有的特殊第六感，动物在灾害来临之前，会有一些突出的表现。

例如，一些动物的听觉，大大优于人类的听觉。

我们的耳朵只能听见音频为每秒钟20次至20000次的声波。而猫、狗和狐狸却能听到音频每秒钟高于60000次的声音。至于老鼠、蝙蝠、鲸鱼

鸟类的异常举动也值得关注

趣味链接

人类作为高度进化的灵长类动物，已经基本丧失了感知自然的特殊感应，加之许多动物独有的感知特性，使这些动物成为人类预测地震的好伙伴，我们应当尊重且善待它们。

和海豚，可以发射和接收音频每秒钟超过100000次的超声波。除了超声波，它们还能传感音频每秒钟只有20次或不到20次的次声波，次声波不仅我们的耳朵听不出来，就是地震仪器也极少可能把它测定出来。

奇怪的是，信鸽居然能够测定低至每分钟只有3次的声波。因此，它能遥感得出数百千米之外雷电和洋底海啸的声波。鱼类对于微弱的震动，具有高度的敏感性，原因是它们的胸腹两侧都长满侧腺，这是一种特殊的传感系统。

爬行动物“蛇”能觉察地震，是因为它们能够嗅出地震前，地下所释放出来的碳氢化合物的气息。狗只能以吠叫预报地震，还能听见地震开始时所发射出来的超声波。

但是，专家认为，用动物来预测地震前兆并不是非常准确和科学的，因此早在20世纪90年代初，地震台已基本上不用动物来预测地震前兆。

蛇对地震尤其敏感

地震前老鼠的异常反应

在印度的古吉拉特邦流传着这样一个“义鼠救人”的故事。一只小老鼠因经常接受一个女孩的食物而心怀感激，在地震来临前夕，为救女孩一家，咬了其家人的脚趾就向室外跑。

可惜，人类没能理解动物的意图，女孩的家人认为小鼠是在作恶，群起而攻之，都追杀出门，小女孩的爸爸用棒子打翻小鼠，一下，两下……

小鼠终于没有躲过乱棍，随着它一声惨叫、抽搐而死的当口，大地颤动着，一场地震发生了，身后的房子坍塌了，一家人就这样幸免于难。

如果说上面的故事可能还有杜撰的成分，那么下面的真实事例，则很能说明老鼠天生具有的对地震的感知能力。

·1976年7月27日，唐山大地震的前一天，唐山地区滦南县城公社的村民，在地震后回忆说：他亲眼看见棉花地里成群的老鼠在仓皇奔窜，

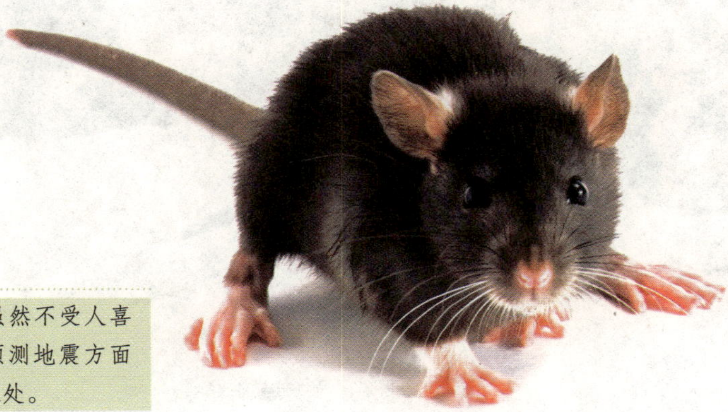

老鼠虽然不受人喜欢，但在预测地震方面却有独到之处。

大老鼠带着小老鼠跑，小老鼠则互相咬着尾巴，连成一串。有人感到好奇，追打着，好心人劝阻说："别打啦，怕要发水，耗子怕灌了洞。"

同时，距唐山不远的蓟县（现天津市蓟州区）桑梓公社河海工地库房院子里，那几天有300多只老鼠钻出洞子，聚集在一起发愣。

抚宁县坟坨公社徐庄几个人在7月26日，他们看见100多只黄鼠狼，大的背着小的或是叼着小的，挤挤挨挨地钻出一个古墙洞，向村外转移，一片惊惧气氛。26日、27日，这群黄鼠狼继续向村外转移，一片惊慌气氛。

· 1974年云南昭通发生了里氏7.1级地震，震前几天大关县有位女社员发现家里老鼠特别多。震前那天晚上，又看到老鼠在窗台上发呆，她正要拿东西去打，忽然想到看地震知识展览时，讲解员曾介绍老鼠在地震前的异常反应，便引起了警觉，及早采取了防备措施。当地震发生时，他们全家人已搬到室外，虽然房屋倒塌，却无一人伤亡。

· 1923年日本东京大地震时，也有类似的情景，地震前老鼠好像事

地拨鼠也能预测地震吗？

先得到了通知，跑得无影无踪了。当日一位说书人住在东京闹市区一个客栈里，听说老鼠销声匿迹的消息，马上联想到1855年江户地震前也曾出现过这种情况，便向顾客预言要发生地震了。大家相信老人的话，都做了防备。

长期以来，地震学家们一直没有停止对老鼠的研究。

日本大坂大学蛋白质研究所研究小组专家们通过对老鼠的实验发现，这原来是地震前出现的特殊电磁脉冲刺激动物大脑所形成的。

专家们为了研究老鼠的生物钟变化，对老鼠的活动进行量化分析，每30分钟自动记录一次。1995年1月17日阪神大地震震后分析结果表明，从地震前一天开始，老鼠的活动开始变得剧烈，连休息的时候也显出烦躁、骚动等异常反应。专家们认为，这一定是地震前产生的某种信号使老鼠体内生物钟发生紊乱所造成的。

于是，他们人为制造与大地震前相同强度的电磁脉冲，并作用于老鼠。实验结果表明，这种人类无法感知的电磁脉冲使老鼠烦躁、骚动不安等。专家们因此确认，电磁脉冲能够影响动物的生物钟，增加动物的紧张情绪，致使动物出现骚动、烦躁、惊恐不安等异常现象。

趣味链接

老鼠属啮齿目动物，它们会在地震发生前出现异常表现，对人类预报地震有所帮助。据国内外有关专家研究，老鼠能提前预知地震发生的原因有以下几方面：

其一，老鼠体内肠系膜、骨间膜等处生有环层小体，对机械振动敏感，可能探测到地震前岩石微破裂时的地声信息；

其二，老鼠听觉灵敏，对超声刺激十分敏感；

其三，嗅到了强烈地震前地下逸出的某些气体味道；

其四，神秘的第六感觉促使它逃避灾难。

地震前青蛙和蟾蜍的异常反应

·在2008年5月12日四川汶川大地震前，据悉，震前两天，2008年5月10日“有数十万只蟾蜍迁徙”，对此，《华西都市报》做了报道：

日前，绵竹市西南镇檀木村出现了大规模的蟾蜍迁徙：数十万只大小蟾蜍浩浩荡荡地在一制药厂附近的公路上行走，很多被过往车辆轧死，被行人踩死。密密麻麻的蟾蜍布满了村道，分布在农民的菜园和空地里，聚集面积约有20亩，大量出现的蟾蜍，使一些村民认为会有不好的兆头……

绵竹离汶川只有几十千米。绵竹在此次的地震中心范围之内。绵竹市出现大规模蟾蜍迁徙现象后，连当地村民都曾一度怀疑与天灾有关：“这种现象是不是啥子天灾的预兆哟？”

·在四川地震前夕，在我国的其他省份，也发生了蟾蜍的异动现象：

5月4日，江苏江都市（现江苏省扬州市江都区）武坚镇新楼村约数百万只蟾蜍在该村刘垛闸附近聚集。

> **趣味链接**
>
> 在蟾蜍繁殖季节，也有可能暴发大量幼蟾上岸迁移，这种情况与地震没有关系。所以，看到蟾蜍的这些反应，并不一定代表地震即将发生。

5月9日，江苏泰州市市区的东风大桥上突然出现数万只小蟾蜍迁徙，江苏常熟古里镇珠泾苑数万小蟾蜍迁徙。

地震前鱼的异常反应

山雨欲来风满楼，鱼类在地震前也会有异常反应。

·1917年7月31日云南大关发生了里氏6.5级地震。而地震前一个月，大关河中鱼类浮出水面，震前数日，河水大涨，千万河鱼自跃上岸。

·1976年7月28日唐山发生里氏7.8级地震，7月25日至27日柏各庄农场鱼池中的草鱼、鲤鱼成群跳跃，蹿出水面，有的鱼头朝下打旋。

·2004年3月31日我国台湾以东海中发生里氏7.5级地震，震前台南县归仁乡世界蛇王教育农场的1000多条鳄鱼（当然鳄鱼不是鱼，但也是依水而生的动物），突然群起狂吼，10多分钟后地震便发生了。

·在1976年唐山地震前夕，距离唐山不远的北戴河一带的渔民说，鱼儿像发疯了一般，在7月28日前后，各种鱼拼命上浮、翻白，极容易

趣味链接

并不是鱼类所有的异常反应都是地震引起的，其他因素也可产生。

如鱼生病、气候、饥饿、环境污染或饲养不当也会出现异常。

因此对鱼类的异常反应要仔细观察，认真分析。

捕捉，光着身子的小孩用小网捉鱼，鱼儿简直是往网里跳，数小时就能兜几十斤鱼。

·在唐山一市民家中，7月24日，他家里的两个鱼缸中的金鱼，争着跳离水面，跃出缸外，把跳出来的金鱼放回去，金鱼居然尖叫不止。

·唐山的一个鱼养殖户介绍，在7月25日，鱼塘中一片哗然的响声，草鱼成群地跃离水面有一尺高，更有甚者，有的鱼尾朝上、头朝下，倒立在水面，螺旋一般飞快地打转。

鱼类在地震前为什么会出现异常反应呢？

科学家们认为，这是因为当地壳内部岩层发生微弱破裂时，所产生的振动传到水体后，刺激了鱼类侧线器官中的感觉细胞，通过侧线神经而传到脑部。地震前出现地声和频率低于16赫兹的次声，声波进入水中，刺激鱼的内耳器，经耳神经传到大脑产生反应。此外，震前有时能引起水的化学成分的变化，也使鱼类出现异常。

地震前飞行动物的异常反应

·唐山以南天津大沽口海面，“长湖”号油轮的船员目睹，7月25日，油轮四周海面的空气吱吱地响，一大群深绿色翅膀的蜻蜓飞来，栖在船舱、桅杆和船舷上，密匝匝的一片，一动不动，任人捕捉驱赶，一只也不起飞。

不久，船上的骚动更大了，一大群五彩缤纷的蝴蝶、土色的蝗虫、黑色的蝉，以及许许多多麻雀和不知名的小鸟也飞来了，仿佛是不期而遇的大聚会，最后飞来一只色彩斑斓的虎皮鹦鹉，傻傻地立在船尾一动不动。

·天津市郊木场公社和西营门公社都看见成百上千只蝙蝠，大白天在空中乱飞。房梁下的老燕子就像发疯一样，每天将小燕从巢里抛出去，主人将小燕捡回去，随即又被老燕抛出去。

·7月27日，老燕带着剩下的两只小燕飞走了。蜻蜓如蝗虫般飞来。飞行队伍宽一百多米。自东向西，持续约十五分钟之久。蜻蜓飞过时，嗡嗡作响，气势之大，令人目瞪口呆。

敏感的飞虫、鸟类及大大小小的动物，比人类早早地迈开了逃难的第一步。然而人类却没有意识到这就是来自大自然的警告。他们万万没有想到，一场毁灭生灵的巨大灾难已经迫近了。

大象对地震也有敏感度

不仅蟾蜍、蛇、鱼这些进化程度比较低的动物对地震和海啸有特殊感应，即使是进化程度比较高的大象，也对灾害的发生有着特殊的敏感，也许，大象也可以参与到这一活动中来。

据《印尼星洲日报》2011年的一篇报道，印度尼西亚政府灾害管理部门正与科学家合作，研究如何利用大象等野生动物作为地震、海啸等自然灾害的天然预警工具。

印尼政府官员巴斯罗尼·基兰介绍说，研究人员将在西苏门答腊省巴东县附近展开试验，在城市周边和海岸地区放生大象，并配备足够人员保证象群不会干扰居民生活。

巴斯罗尼援引专家的话说，许多野生动物对自然灾害高度敏感，2004年印尼苏门答腊岛附近海域发生强震并引发海啸前，野象纷纷逃到地势较高地点避难，证实它们有很强的自然灾害预警能力。

巴斯罗尼说，地震专家预测苏门答腊还可能发生强烈地震，希望此项研究能让野生动物作为天然预警系统发挥作用。

地震前植物的异常反应

在地震前，不光是动物会有异常反应，即使是看似平静、没有感觉的植物，也会神奇地发生一些奇异的变化。不过这些变化，平常人都很难注意到，但是科学家们却发现了其中的端倪。

20世纪70年代，中国地震学家在调查地震前后植物的变化时，发现了许多值得注意的自然现象。

宁夏西吉1970年发生5.1级地震前的一个月，距震中66千米的隆德县，蒲公英于初冬季节就提前开了花。1972年长江口县发生4.2级地震之前，上海郊区曾出现了不少山芋藤突然开花的罕见现象。

唐山1976年大震前，唐山地区和天津郊区出现了竹子开花和柳树梢枯死的现象。

20世纪80年代以后，科学家对植物是否能预测地震进行了深入详尽的研究，从植物细胞学的角度，观察和测定了地震前植物机体内的变化。经研究后发现，生物体的细胞犹如一个活电池，当接触生物体非对称的两个电极时，两电极之间产生电位差，出现电流。在动物中，感觉神经便把兴奋送到中枢神经系统，然后通过大脑发出指令，作出相应的反应。但在植物中，没有分化出感觉器官和专门的运动器官，然而它们对外界的刺激仍可以在体内发生兴奋反应，就像含羞草被触摸后会立即收缩那样。

根据以上的理论基础，科学家用高灵敏的记录仪对合欢树进行生物电测定，并认真分析记录下的电位变化，结果发现合欢树能感觉到地震前兆的刺激，产生出明显的电位变化和过强的电流。例如1978年6月6日到6月9日4天中，合欢树的生物电流一直正常，到10日、11日则出现了异常大的电流，第二天附近发生了7.4级地震，以后余震持续了10多天，电流也随之变小。

原来植物的根系能敏感地捕捉到地下发生的许多物理、化学变化，其中包括地温、地下水、大地电位和磁场的变化，导致植物也产生各方面的相应变化，所以地震前植物会产生异常强大的电流。

第五章
Chapter 5

地震的“为什么”

地震有许多的为什么，需要我们去破解。其中大多数已经有了答案，但是还有一些仍然是个谜团，早日揭开这些背后的故事，有利于我们更好地抗震。

高温、高压的地球内部

神秘的地球内部

目前人类的科技水平已经可以探索外太空了，但是，对于我们的母亲——地球，它的内部是什么样子，人们还是了解得很少。即使是最现代化的石油钻井，最深也只能到达10000米左右，只有地球半径的630分之一。因此，人类无法对地球10000米以下的地方进行直接观察，只能做一些间接的推测。

火山喷出的熔岩，虽然已经不是在地底下的面貌，但还是可以让我们了解一下在地下几十千米的东西。通过依靠地球物理技术的应用，以及对地磁、地电、地热，特别是地震波在地球内部传播情况的分析，我们还是大致了解了地球内部的情况。

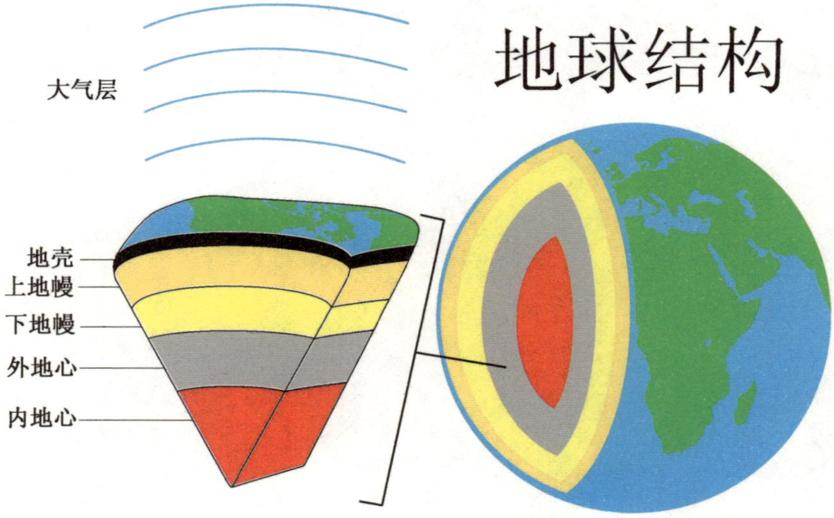

现在人们得到的认识是：在地球内部温度极高，压力也很大，越往深处，温度越高，压力越大，物质也越紧密。

高温与高压

根据在许多矿井和钻孔中测得的结果，在地面下10千米以内，深度每增加100米，地温约增加3℃。虽然各地有所差异，但总的来说，都是地球里面越深越热。估计在地壳及地幔边缘的岩石层内的情况类似，但再深一点的地方可能温度升高得要慢一些。岩石是很难传热的物质，它阻挡着地球内部的热向外散失。

在这个岩石圈层之下，温度超过了1000℃，来自地幔上部的岩浆喷出地面时温度常在1000℃以上，证明地幔内的温度是很高的。地核内更是这样，估计那里的温度会达到5000℃。

地球从表面到核心，愈往深处去，压在单位面积上的物质就愈多，因而压力就愈大。在地壳下面大约有900万百帕（9000个大气压），在地幔底部约有14亿百帕，到地球中心更达到36亿百帕。

因此，在地球内部，我们设想，应该是一个高温、高压的环境，就物质形态而言，应该是熔融状态。但是，强大的压力使它们大部分仍然是固体的状态，同时具有一定的可塑性，可以慢慢地流动。

由于地震波的横波不能穿过地幔，因此有人认为地核是液体，但最新的研究认为，地核的外层是液体，而地核的最中心，则是一个

趣味链接

大气压强的数值大约等于760毫米汞柱所产生的压强，它相当于在每平方厘米的面积上作用10牛顿的压力，在0℃的情况下，人们称之为标准大气压。人类生活在这么大的大气压下，但是却感觉不到，这是因为长期生活在这种环境下，造成了人体内部的压强与大气压强相等的缘故。

地球表面大气层受到重力作用，离地面越近，空气越厚，压强越大；而离地面越高的地方，大气层越稀薄，因此大气压强随着海拔增高而逐渐减小。

反之，在地面以下，随着深度增加，压强越来越大。

半径为1000千米的固体的内核。由于那里的压力极大，因此我们很难想象那是什么样子。

火山——地球热能的集中喷发

在100～150千米的地壳深处，存在着高温、高压下的岸浆。由于岩浆中含大量挥发成分，加之岩层的周压，这些挥发成分溶解在其中无法逸出。当岩浆上升靠近地表时，岩浆体内气体的出溶量不断增加岩浆体积逐渐膨胀，内压力增大。

当内压力大大超过外部压力时，其上覆岩石的裂隙密集带就会发生气体的猛烈爆炸，打开火山喷发的通道。气体以极大的力量将通道内的岩屑和深部岩浆喷向高空，形成了高大的喷发柱。喷发柱在上升过程中，携带着各种不同直径和密度的碎屑物，碎屑物依重力的大小，分别在不同高度向下塌落。

趣味链接

火山不仅威力巨大、破坏惊人，同时也是一个非常特殊的自然景观，吸引着世界各地的人们来参观。

譬如日本的富士山，就是一座高大的火山，它的最高海拔达到了3776米，气势十分雄伟。由于在山峰前面了无障碍，是登高远望的最好的地方。山下有许多美丽的湖泊，其生成也多半和火山活动有关。

为什么会发生地震

地震在带给人类巨大灾难的同时，千百年来，人们也在不断地试图搞清楚为什么会发生地震。

在古代，在揭开地震之谜的过程中，伴随着丰富的想象，产生种种神话与传说。

大约在12世纪，日本古历书上有所谓“地震虫”的描述。1710年，日本有书谈及鲶鱼与地震的关系时，认为大鲶鱼卧伏在地底下，背覆着日本的国土，当鲶鱼发怒时，就将尾巴和鳍动一动，于是造成了地震。

我国古代对地震这一特殊灾害，也有专门描述。民间流传着这样一个传说：地底下有一条大鳖鱼，驮着大地，时间久了就要翻一翻身，于是大地就抖动起来，鳖鱼翻身就是地震了。

这些当然都是古人的想象罢了。当今社会，关于地震的成因，科学界普遍的看法是：

地震分为天然地震和人工地震两大类。此外，某些特殊情况下也会产生地震，如大陨石冲击地面（陨石冲击地震）等。引起地球表层振动的原因很多，根据地震的成因，可以把地震分为以下几种：

·构造地震。由于地下深处岩石破裂、错动把长期积累起来的能量急剧释放出来，以地震波的形式向四面八方传播出去，到地面引起的房摇地动称为构造地震。这类地震发生的次数最多，破坏力也最大，占全世界地震的90%以上。

·火山地震。由于火山作用，如岩浆活动、气体爆炸等引起的地震称为火山地震。只有在火山活动区才可能发生火山地震，这类地震只占全世界地震的7%左右。

·塌陷地震。由于地下岩洞或矿井顶部塌陷而引起的地震称为塌陷地震。这类地震的规模比较小，次数也很少，即使有，也往往发生在溶洞密布的石灰岩地区或大规模地下开采的矿区。

·诱发地震。由于水库蓄水、油田注水等活动而引发的地震称为诱发地震。这类地震仅仅在某些特定的水库库区或油田地区发生。

·人工地震。地下核爆炸、炸药爆破等人为引起的地面振动称为人工地震。人工地震是由人为活动引起的地震。如工业爆破、地下核爆炸造成的振动；在深井中进行高压注水以及大水库蓄水后增加了地壳的压力，有时也会诱发地震。

趣味链接

人类历史有记录的最大地震是智利大地震（1960年5月21日）：震级9.5级。发生在智利中部海域，并引发海啸及火山爆发。此次地震共导致5000人死亡，200万人无家可归。

地震云真的能够预测地震吗？

地震云可能是关于地震最富有诗意的现象了。有很多人热衷于拍摄地震云的照片。不过，关于地震云是否真的能够预测地震，到目前为止还没有定论。

据气象观测报道，在某些中强地震发生前，在其周围地区的天空

中，一般在凌晨或傍晚会出现形似稻草绳状或条带状的云，这种长蛇状的云，如果在天空较长时间不消失，这预兆当地将可能发生有感地震。这种云的垂直方向，大体就是震源所在地的方向，在垂线方向上可能较近，也可以很远。

例如，1976年7月28日，我国唐山发生了7.8级强烈地震，在7月27日傍晚，日本真锅大觉教授发现天空出现了一条长长的异常彩云，并用相机拍摄下来。经研究，这种异常的长条云，就是唐山地震的前兆——地震云。

又如，1977年12月20日中午前后，吕大炯先生在北京市的密云水库附近的山坡上，从正南方向观测到一条仰角较低、东西走向、呈灰白色的带状云。又发现近两天来，基岩地电与基岩应变都发生突跳，经过计算分析，吕大炯先生作出了日本、阿留申一带在近日内可能发生6.0级地震的预报，结果在21日16：56分在日本小笠原一带发生了5.8级地震，在22日9：06分发生了6.5级的地震。

地震工作者们认为，地震即将发生时，因地热聚集于地震带，或因地震带岩石受强烈应力作用发生激烈摩擦而产生大量热量，这些热量从

地表面逸出，使空气增温产生上升气流，这气流于高空形成“地震云”，云的尾端指向地震发生处。也有的认为，“地震云”的必然性尚缺乏实验数据，也可能是一种巧合。究竟如何，有待进一步考证。

趣味链接

单纯从美学角度来说，地震云非常美丽，也吸引了不少爱好者。希望它也能够带给我们更多关于地震的信息，使地震预报更加准确和及时。

地震云是非气象学中云体分类的一种预示地震的云体，在国际上的研究还较为表面，至今没有一个共同观点，现在日本和中国民间还有较多爱好它的研究者对它进行探索。

不过，对地震云也不能太过迷信。有一段时间有网友称，在江苏、安徽、浙江等地上空发现所谓的“地震云”，甚至将拍摄到的照片传到了网络上，引起网民恐慌。这种关于“地震云”的恐慌是没有依据的。

也正是因为研究的不深入，现今地震学家和气象学家对所有涉及地震云的问题一律进行了片面性否认或牵强地使用气象学理论解释。我们有理由相信，在未来不断的地震云相关的数据收集和分析后，地震云将为地震预报事业做出巨大贡献。

地震缘何多发生在朔望前后

农历每月初一叫朔又叫新月。每月十五叫望又叫满月。农历的朔望日与地震有什么关系？先看几例：

1996年3月19日新疆阿图什发生6.9级地震，正是农历二月初一日（朔）。

1976年7月28日唐山发生7.8级地震，是农历七月初二日。

1996年2月3日云南丽江发生7.3级地震，正是农历腊月十五日（望）。

由上述可知，强震多发生在朔望日及前后两三天。据统计，上世纪以来我国发生的强震，80%发生在农历朔望前后几天。

朔望前后几天，缘何多地震？这是因为月球、太阳对地球有种引潮力，它不仅使海洋产生潮，还能使固体的地壳产生“固体潮”。

月球对地球的引潮力比太阳对地球的引潮力大2.2倍，每逢朔望及其前后两三天，月球和太阳的引潮力在同一方向，两力叠加，海洋形成大潮（农历上、下弦为小潮），这时地壳“固体潮”也最大，对地震的发生起到一种触发作用。所以，农历朔望日及其前后两三天易触发地震。

但不是说每月朔望日前后都会发生地震，有不少地震并不是发生在朔望日前后。朔望日对地震的发生只提供了外因，它不是内因。在某些地震活动区，地震和朔望有明显的联系，这可能与地震地质构造、地壳的稳定性、地震类型、震源浓度等多种因素有关。

地震为什么多发生在夜间

地震其实随时都会发生，但多发生在夜间，这主要是因为受外因——太阳和月球引力的结果。

我们知道，太阳和月球的引力可引起海水在一天里两次涨落。同时，太阳和月球的引力也会引起地壳的“潮汐”现象，只不过我们平时没有察觉罢了。如果地球内部在孕育地震的过程中，当地下的岩石受力的作用接近于破裂时，正好又受到太阳和月球的引力作用，这样蓄势已久的地震能量就会一下子迸发出来。在这里，太阳和月球的引力就起到了导火索的作用。

地震的能量有多大

一次强烈地震发生时，全世界大部分地区的地震台都可以记录到它所产生的震动，真可以说是“震撼全球”了。它所释放出来的能量是很大的。

据专家测算，发生在1976年的唐山大地震，震级是7.8级，能量相当大，相当于400颗美国1945年投在广岛的原子弹。2008年的四川汶川地震

趣味链接

地震并不全是坏事情，偶尔它也有好的方面，地质勘探人员就是通过人工地震来勘探石油。

他们先通过爆破引起轻微的地震，同时用仪器录下地震波向地下传播和反射回来的时间以及震形等有关数据，经计算处理后就可以初步判断地下岩层构造的深度和形状。据此确定打井采油的地点。我国的大油田，如大庆、胜利、辽河、塔里木等油田，都是通过这一方法发现的。

与唐山地震释放的能量也是大致相当的。

目前记录到的最大地震，还没有超过8.9级的。有些微小的地震则比震级还要小，于是用负数来表示。一次8.5级地震释放出来的能量，如果换算成电能，相当于我国甘肃刘家峡水电站（122.5万千瓦）工作八九年所能发出的电量总和。

即使是这样，这还不是它所具有的全部能量，因为有一部分能量在地震发生过程中转变成热能和使岩层发生断裂位移的机械能了，还有一部分能量没有释放出来。试验证明要在坚硬的花岗岩中爆炸一个相当2万吨TNT炸药的原子弹，所得的结果才大致和一个5级地震差不多。一年中地球上全部地震释放出来的能量，其中绝大部分来自7级和7级以上的地震，这些地震被称为大地震。

为什么地震同一地区的房子损坏程度不同

在一次地震来袭的时候，经常可以看到这种结果。一个地方的房子倒塌了，而相邻或相近地方的房子没有倒，甚至只是受到轻度的损伤，这是为什么呢？

其中原因很复杂，和几个因素都有关系，其中一个很重要的因素就是场地条件，这里说的场地条件指的是地下工程地质条件，比如说基岩的起伏是什么样的，第四纪土层分布是什么样的。例如，基岩的分布如

果比较复杂，上面沉积的松散层也不均匀。

以2008年汶川地震为例，有专家认为，破坏差异的主因，是“不同的场地条件造成地震波放大或减弱，因此在低烈度区也有高烈度的现象，造成房屋倒塌或严重破坏。而在高烈度区也有低烈度现象，房屋未倒塌或严重破坏，这就是同一区域内不同建筑受损情况不同的主要原因。”

“一般来说，基岩在震动的时候，基岩要把能量传给上面的介质叫土层，地震波在土层的传播跟在基岩的传播完全是另外一种方式，土一般对地震波有放大的作用，而且地形越复杂，那地震波传来后会形成反射和折射，会加剧放大的效果。”

“在世界地震工程史上，像这么大范围的破坏不是很多，还有很多新的问题值得研究，特别是场地这一块儿。”

当然，房屋本身的结构和抗震能力也是一个非常重要的参考价值。房子结实牢固，自然倒塌的可能小，反之，房子脆弱无力，就很容易倒塌。

地震救生犬为什么能够拯救人

地震发生后，人们在电视新闻中常会看到这样一幕：救援人员带着狼犬——地震救生犬，穿行在残垣断壁之间。

2001年成立的我国地震紧急救援队，也配备了地震救生犬。福建省地震局已成功驯养地震救生犬。地震救护训练的有德国牧羊犬、狼犬、英国比格犬和我国的藏獒。训练有素的救生犬，能按指令完成寻找被建筑物埋压的幸存者，还能穿越水、火障碍物和洞隙，输送食物、饮料、药品，传递信息、辨物记忆和查寻易燃易爆品。此外，地震救生犬还可以进行地震前兆的研究。狼犬对某些气体的敏感性比人高100至1万倍，它能探测到临震前从地下释放出来的某些气体，出现嗅地扒地行为。

狼犬如此优秀是有其自身原因的。原来，狼犬的祖先是狼，它具有

狼的凶猛性和搏斗力，又兼有犬的恋主性和灵活性。狼犬的神经系统特别发达，其嗅觉、听觉、视觉都比别的动物灵敏。如果和人相比，狗的嗅觉特别发达，能鉴别大约千余种气味。尤其对人的脚汗中的脂肪酸非常敏感，只要有脂肪酸分子穿过鞋底透出来，狗就可以沿着人走过踪迹追寻。

研究发现，犬鼻子的嗅觉细胞碰到各种气味后会产生一种奇异的电流信号，气味不同，产生的电流信号也不一样，最后通过大脑作出精确的判断。犬能感受每秒钟振动4万次的音频，并可准确分析出1/16音调差别。每分钟100拍和96拍的近似音调，它都区分得清清楚楚。

狼犬在睡觉时有一脑半球不休息，一耳贴地，对半径1千米以内的各种声音都能分辨清楚。利用狼犬探寻埋在废墟中的幸存者，比任何电子仪器都更准确。狼犬的眼底拥有较多的视觉细胞，能透过漆黑的夜幕看到500米以内的东西。狼犬的驰骋力更是惊人，最快时速可达60千米。地震救灾，时间就是生命。在交通瘫痪的情况下，狼犬能迅速奔赴地震救护现场。

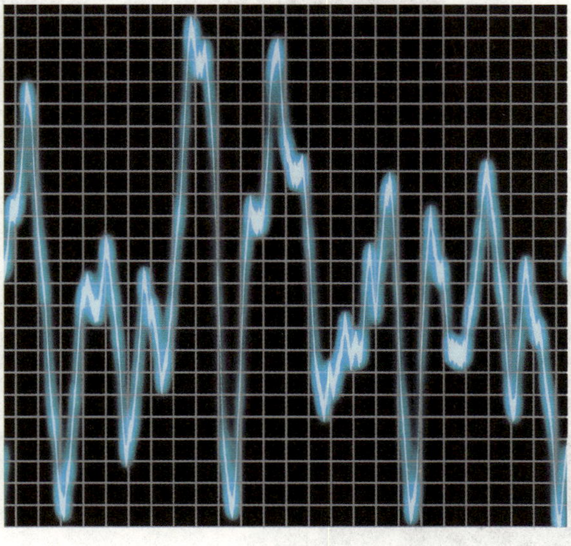

地震过后为什么会下雨

每次地震后的几天，震区都是下雨，给地震的救援造成困难。为什么会下雨呢？

在一些学者看来，地震本身就和旱涝息息相关。

长期从事地震对旱涝影响研究的中国科学院寒区旱区环境与工程研究所研究员汤懋苍解释说，地球覆盖着厚约100千米的岩石圈，岩石圈的内部布满裂隙，积蓄着空气、水等流体，其中气体的总量达到大气圈中气体总量的10%～15%。这些流体并非静止不动，流体上升时，会给天气带来影响。

同时，地震的发生，特别是板内地震的发生，是岩石圈与地幔之

间的“壳幔边界”产生一种强烈上升运动造成的。这种上升运动被地学界称为“底辟作用”，这是公认的爆发板内地震的根本原因。“底辟作用”必然会影响岩石圈内流体的上升运动，导致震后两三天内，震中数百千米出现大范围降雨。

干旱与地震的关系

频发的地震灾害，让很多人“谈震色变”。而长期以来也有一种观点，认为干旱是地震的前兆之一，那么干旱与地震有关系吗？

“气候异常的原因有多种，地震孕育是可能的原因之一。但现在还没有确凿的证据证明地震和气候异常之间有必然的联系。”中国地震台网中心地震预报部副主任张永仙说，有学者探索利用干旱和气候异常预测地震，虚报率很高，因此很难用于震前预测。

有地震工作者曾做过雨量与地震关系的研究，分析了1957年至1971年我国降水量的资料后，得出结论：在我国大地震前1～3年内，震中区往往是干旱区。如在1966年邢台地震、1969年渤海地震、1970年通海地震、1973年炉霍地震前一年，周围地区皆发生大旱。但是，有些原本属于干旱地区，地震前一两年发生了洪涝。

关于干旱与地震的关系，张永仙说，干旱与地震的关系有一定的物理机制。由于应力的积累，可能会引起很多地质微裂隙；裂隙的增长，会使地下深部流体往上走，并且扩散。这个过程会导致局部增温，最终引起干旱一类的气候异常。

南京信息工程大学大气科学学院教授闵锦忠说，目前没有明确的科学根据证明地震与气候异常有联系，影响气候的因素比较多。即使是同一种气候现象，也多是由不同因素造成。因此，说某一种特殊气候现象与地震有关是没有依据的。出现气候异常现象，肯定不能说将来就会发生地震，气候异常也不一定都是特大地震造成的。

他认为，地震前可能会有很多特殊的现象，地震后也可能产生很多方面的影响。但就世界科学前沿来说，并没有发现地震前的气候异常与地震发生之间有明确的关系，同时异常气候是否会诱发地震也还值得深入研究。但是，肯定的是，目前气候异常不能作为地震预报的依据。

不过，地震活动与气候冷暖关系十分密切。对此，中国科学院院士马宗晋等科学家所著的《中国自然灾害综合研究的进展》一书明确指出，当气候由暖转冷或者由冷转暖的时期，地震活动最频繁，即我国近500年来地震活动时期多与低温期相当。比如，华北东部地震多发生在冷期。然而也有一些地震，比如1679年河北省三河市和北京市平谷区8级地震，1973年山东菏泽地震等，震前酷热。1966年，邢台地震前7天内，平均气温由−13℃猛增至11℃。

日本为什么地震如此频繁

作为有名的“地震国”，日本公元6世纪就有地震记录。全国每年平均有1万多次地震，有感地震平均每天约有4次，5级以上的大地震在近百年中发生过100多次。日本领土由北海道、本州、四国、九州四个大岛和3900多个小岛组成。日本列岛（北海道、本州、四国、九州四岛）位于太平洋板块和亚欧板块交界处。按照地质板块学说，太平洋板块比较薄，密度比较大，而位置相对低一些。当太平洋板块向西呈水平移动时，它就会俯冲到相邻的亚欧板块之下。

这两个板块发生碰撞、挤压时，其交界处的岩层便出现变形、断裂，从而产生火山爆发和地震等现象。日本成为地震多发地的原因是该国地表下方有好几个板块在这里交会。

日本位于环太平洋地震带边缘，这一全长4万千米的地震带像一个巨大的环，围绕着太平洋分布。环太平洋地震带是地球上最主要的地震带，板块移动剧烈。它集中了全世界80%以上的浅源地震、几乎全部的中源和深源地震。

反观同样是岛国的英国，因其地处亚欧板块内部，最重要的是其地壳比较稳定，所以火山和地震很少。

第六章
Chapter 6

专业人士的地震预测、救援与减灾

地震的预测、救援与减灾离不开政府和专业部门的支持，了解这些地震专业部门的动向和方案，将有助于我们最终战胜地震。

我国是个地震多发国家

根据构造板块学说，地壳被一些构造活动带分割为彼此相对运动的板块，板块当中有的块大，有的块小。大的板块有6个，它们是太平洋板块、亚欧板块、非洲板块、美洲板块、印度洋板块和南极板块。全球大部分地震发生在大板块的边界上，一部分发生在板块内部的活动断裂上。

中国位于世界两大地震带——环太平洋地震带与欧亚地震带之间，受太平洋板块、印度板块和菲律宾海板块的挤压，地震断裂带十分发育。20世纪以来，中国共发生6级以上地震近800次，遍布除贵州、浙江两省和香港特别行政区、澳门特别行政区以外所有的省、自治区、直辖市。

中国地震活动频度高、强度大、震源浅，分布广，是一个震灾严重的国家。1900年以来，中国死于地震的人数达60万之多，占全球地震死亡人数的53%；1949年以来，100多次破坏性地震袭击了22个省（自治

区、直辖市），其中涉及东部地区14个省份，造成27万余人丧生，占全国各类灾害死亡人数的54%；地震成灾面积达30多万平方千米，房屋倒塌达700万间。地震及其他自然灾害的严重性构成中国的基本国情之一。

中国的地震活动主要分布在5个地区的23条地震带上。这5个地区分别为：

① 台湾地区及其附近海域；

② 西南地区，主要是西藏、四川西部和云南中西部；

③ 西北地区，主要在甘肃河西走廊、青海、宁夏、新疆、天山南北麓；

④ 华北地区，主要在太行山两侧、汾渭河谷、阴山—燕山一带、山东中部和渤海湾；

⑤ 东南沿海的广东、福建等地。我国的台湾地区位于环太平洋地震带上，西藏、新疆、云南、四川、青海等省区位于喜马拉雅—地中海地震带上，其他省区处于相关的地震带上。中国地震带的分布是制定中国地震重点监视防御区的重要依据。

趣味链接

我国自建的第一个地震台是1930年建成的坐落于北京西山的鹫峰地震台，距今已有80多年了。

我国的地震有何特点

我国的地震活动十分广泛，除浙江、贵州两省外，其他各省（自治区、直辖市）都发生过6级以上强震，其中18个省（自治区、直辖市）均发生过7级以上大震，约占全国省（自治区、直辖市）的60%。

台湾地区是我国地震活动最频繁的地区，1900—1988年全国发生的548次6级以上地震中，台湾地区为211次，占38.5%。

我国大陆地区的地震活动主要分布在青藏高原、新疆及华北地区，而东北、华东、华南等地区分布较少。我国绝大部分地区的地震是浅源地震，东部地震的震源深度一般在30千米之内，西部地区则在50～60千米之内；而中源地震则分布在靠近新疆的帕米尔地区（100～160千米）和台湾附近（最深为120千米）；深源地震很少，只发生在吉林、黑龙江

东部的边境地区。

自1949年10月1日新中国成立以来，全国共发生8级以上地震3次；我国大陆地区共发生7级以上地震35次，平均每年发生约0.7次；6级以上地震194次，平均每年发生近4次。与近100年的活动水平（大于或等于7级的年均值为0.66次，大于或等于6级的年均值为3.6次）相比较，中华人民共和国成立后的强震活动水平高于前50年的活动水平。

另外，我国强震分布显示了西多东少的突出差异。我国大陆地区，绝大多数强震主要分布在东经107度以西的我国西部广大地区，而东部地区则很少。据统计，1949—1981年发生的27次7级以上地震中，西部约为20次，占74%，东部只有7次，占26%；而6级地震，东部占的比例则更小。在1895—1985年间，我国大陆地区发生的全部7级以上地震中，西部占87%，其应变释放能量占90.8%。

我国的地震活动具有分布广的特点，6级以上地震几乎遍布全国。然而，地震活动的分布是不均匀的，其活动水平也有较大差异。据统计分析，在全国各省（自治区、直辖市）中，活动水平最高的是台湾地区，7级以上地震发生率占全国总数的40%以上，6级以上地震发生率占全国总数的53%以上；在其他各省（自治区、直辖市）中，发生6级以上地震次数大于5次的还有西藏、新疆、云南、四川、青海、河北等，以上六个省（自治区）集中了新中国成立以来发生的绝大多数强震，其中6级以上地震占90%以上，7级以上地震占87%以上。

以上情况充分说明，中华人民共和国成立后我国地震活动虽然分布较广，但是呈现明显的西多、东少，分布极不均匀的特点。这种分布特征为地震工作布局和确定监测预报及预防工作的重点地区提供了重要事实依据。

（本节数据均摘自中国地震科普网）

趣味链接

1975年2月4日，辽宁省海城、营口地区发生了7.3级强烈地震。这次地震发生在人口稠密、工业发达的地区，工矿企业、交通、电力和水利设施以及民房等遭到了不同程度的破坏。中国的地震工作者成功地预报了该次地震，被世界科技界称为“地震科学史上的奇迹”。

这是世界上第一次成功预报地震并取得明显减灾成效的成就。

国家对地震预报实行统一发布制度

地震预报是当今世界上的科学难题。在我国，地震预报的科学探索性和社会需求的迫切性两者之间存在着尖锐的矛盾。地震预报是否准确所造成的正面或者负面社会影响，其效果是截然相反的。因此，必须加

强地震预报的科学管理，实行严格的统一发布制度。

我国《防震减灾法》第十六条明确规定，国家对地震预报实行统一发布制度。

这项基本法律制度的主要内容是：

第一，明确规定地震预报实行统一发布制度，即地震预报由政府或政府授权的部门或者机构统一发布，无权发布地震预报的部门或者机构不得发布地震预报，以避免多渠道发布地震预报给社会造成混乱和不良后果。

第二，地震短期预报和临震预报由省、自治区、直辖市人民政府按照国务院规定的程序发布，否则属于违法行为。地震预报在实际工作中通常按预报的时间尺度分为长期、中期、短期、临震四种。其时间尺度的划分，大致分别为十年尺度、一两年尺度、一两个月尺度和几天之内。长期、中期预报不会使公众产生紧迫感，其目的是为国家规划和建设提供依据，为政府对本行政区域内的地震重点监视防御区和危险区做出防震减灾工作部署服务。短期或临震预报的发布，将对预报区所在地的政府和公众带来很大的影响。因为预报成功将可以避免或者减少人员伤亡，大大地减少经济损失；如果出现虚报，若处理不当也将引起社会的不安，影响经济建设。

第三，任何单位或者从事地震工作的专业人员关于地震预报或者临震预报的意见，不得擅自向社会扩散，必须报国务院地震行政主管部

趣味链接

中国历史上有关地震的记载，最早见于《竹书记年》，书中提到“三十五年帝命夏后征有苗”“三十五年帝命夏后征有苗有苗氏来朝”。帝指舜帝，夏后指大禹，大禹征三苗的时间，在帝舜三十五年。通鉴外记注引随巢子汲冢纪年云：三苗将亡天雨血夏有冰地坼及泉。太平御览引此云：三苗欲灭时地震坼泉涌。帝舜时大约在公元前23世纪，距今已有四千多年历史，这是我国有文字可考的最早地震记录。

门或者县级以上地方人民政府负责管理地震工作的部门或者机构依法处理。任何单位或者从事地震工作的专业人员不按照上述程序，随意向社会扩散地震预报意见的行为都是违法的。

我国的地震事业

我国的地震台

我国第一个地震观测台是1930年由著名地震学家李善邦主持建立的，位于北京鹫峰。经过半个多世纪的奋斗，我国地震台由一个发展到几百个，目前已拥有全国基本台网、大地震速报台网，都可以由地震仪

记录下来，并报送到中国地震局分析预报中心，使我国地震观测技术处于世界前列。

从新中国成立初期到1957年，我国先后建立了昆明、成都、兰州、南京、佘山（上海）、拉萨、广州、北京等8个基本地震台。

1958年前后，又增设武汉等基本台，全面完成了我国兴建的第一批基本台任务。由于台网的建立遍布于全国，大大提高了中国的地震观测水平，使我国开始有了比较系统的微观地震资料。

1966年邢台地震后，我国各省区地震部门先后组建，随之区域地震台网也相继建立。到1976年，中国内地29个省、自治区、直辖市都建立了区域地震台网，全国区域地震台站已达260多个。

截至1984年底，全国区域地震台站增加到435个。为了能快速、及时地了解北京周围地区的地震活动情况，在周恩来总理的亲切关怀下，1966年以后中国科学院地球物理研究所建成了由8个地震台组成的、采用实线传输单分向短周期地震信号的、我国第一个电信传输地震台网——北京台网。

1975年，为了进一步对我国的多震区和大工业城市附近的地震活动进行监测和预报研究，又建立起上海、沈阳、兰州、昆明和成都电信传输地震台网。1981年，电信传输地震台网观测分析处理系统，即“768工程”所有硬件设备均已配齐并安装在上海传输地震台网内，所需各项软件也已编制完毕。

1982年“768工程”通过技术鉴定和验收，北京、沈阳、成都、昆明和兰州等5个传输台网硬、软件配置齐全，进行试运转；经过连续三个月的考核运转后投入正式观测。

到“七五”期间，我国地震无线通信网和地震信息反馈系统也得到迅速发展。1988年7月建成开通了我国第一个用户小型数据卫星地球站——地震卫星数据通信网北京中心站。

已建成的中国地震局卫星数据通信网通信范围覆盖全国，它主要由卫星通信中心、远端卫星小站、技术服务网络组成，卫星通信网主站设在卫星通信中心。

中国地震局卫星通信网的主要任务是：承担国家数字地震台网的连续观测数据传输；接收中国地壳运动观测网络各地壳运动基准台站（GPS台站）的观测；接收和交换全国各地地震工作部门的地震监测预报和防震减灾有关的信息数据。

为了取得我国现有模拟记录尚难提供的高质量的地震数据，满足科学研究工作的需要，1983年，国家地震局决定建设中国数字地震台网。

“十三五”时期，在以习近平同志为核心的党中央坚强领导下，防震减灾工作取得了明显成就。地震监测预报预警能力持续增强，全国大部分地区地震监测能力达到2.5级，国内地震实现2分钟自动速报，部分地区具备地震预警服务能力。地震灾害风险防治能力稳步提升，全面实施第五代全国地震区划图，开展全国地震灾害风险调查和重点隐患排查，推动地震易发区房屋设施加固工作，农村民居地震安全工程惠及数千万农村村民。地震应急救援实现重大变革，有效应对四川九寨沟7.0级、四川长宁6.0级等强震。防震减灾公共服务扎实推进，完成重大工程地震安全性评价900余项，减隔震技术应用于北京大兴国际机场等1300余项建设工程。地震科技创新不断拓展，高铁核电地震预警技术研究取得新突破，成功发射“张衡一号”电磁监测试验卫星，共建“一带一路”

国家地震监测基础设施。防灾减灾救灾体制机制改革深入落实，与“全灾种、大应急”体系相适应的防震减灾治理体系初步形成。“十三五”规划目标任务如期完成，地震人员伤亡和直接经济损失明显下降，地震灾害对经济社会影响明显减轻，为保障人民生命财产安全、全面建成小康社会提供了有力地震安全服务。

地震多、强度大、分布广、灾害重是我国的基本国情。地震监测站网布局需要进一步优化，地震预报依然是世界性难题，地震预警服务刚刚起步，科技创新对事业支撑引领作用不够，防震减灾宣传教育不够普及，社会力量参与和市场机制尚未得到充分发挥，防震减灾事业高质量发展任重道远。

总体上看，“十四五”时期防震减灾事业发展的机遇与挑战并存，必须深刻认识新发展阶段的新变化新要求，着眼“两个大局”，牢固树立总体国家安全观，落实“两个坚持，三个转变”工作方针，认识和把握防震减灾事业发展规律，抓住机遇，应对挑战，坚持底线思维，着力防范和化解可能影响我国现代化进程的重大地震灾害风险，推动防震减灾事业高质量发展。

兰州地震博物馆

兰州地震博物馆是目前我国规模最大，收藏最丰富的唯一专业地震博物馆。

兰州地震博物馆始建于1989年。它位于甘肃省兰州市的十里桃乡。兴建在一座长达400米的大型人防山洞里，内部占地面积3500平方米。博物馆洞门开在一个非常典型的几百年前的地震断裂带上，洞门上面的山体层面和破碎带清晰可见，十分壮观。在不知不觉中将观众带进地震现场。

这个地震博物馆，是目前我国规模最大、收藏最丰富的唯一专业地震博物馆。博物馆的主展厅，布设在蜿蜒曲折的山洞里。如树枝状的各个洞道，配以迷离的灯光，显得格外幽静和神秘莫测。整个博物馆分为6个分馆：有地震知识壁画馆、实物史料馆、地震泥塑馆、地震仪器馆、音像馆和地震字画馆。壁画馆设在主洞道，壁画长104米，高1.3米，上面绘制了383个真实的地震故事（囊括古今中外）和1000多个人物。实物史料馆陈列着300多件地震文物和史料。地震泥塑馆，以“报马送信”“夜守孤灯”“斩断恋情”等8组泥塑，再现了公元138年张衡地动仪测出的兰州地震时的情况，字画馆收藏有许多与地震有关的题字和画卷，名人墨宝。藏品中，有许多国内外罕见的地震文物和史料，如万年以前地震生成物——固化沙柱和碳化断层泥珍品，固原大地震铜币“沙板”，我国第一张地震烈度图——清代山西平陆大地震后钦差大臣手绘地震烈度御览图，宋代“天下地震第一碑”文献碑刻等，令观光客流连忘返。

中国地震救援队

每当世界上的某地发生严重的地震灾害时，我们经常可以通过新闻了解到，我国决定派遣中国地震救援队前去支援救生。而当汶川和玉树发生大地震后，中国地震救援队更是冲锋在前，进行专业、科学的地震救援。

2001年4月27日，国家地震灾难紧急救援队正式成立，主要依托工兵团某部，由国家地震局应急司主管，而中国地震应急搜救中心则负责相关的技术、培训和物资保障。

在北京市海淀区凤凰岭旅游风景区内，就坐落着占地近20亩的中国地震紧急救援训练基地。除了教学楼之外，还有虚拟仿真训练馆、地震废墟综合训练场、体能训练馆、游泳馆、救援装备库等。

专业救援队伍可以在指挥、搜索、营救、结构、通信、医疗救助、条件保障、公共教育课程培训等方面发挥极大的作用。而一些原国家地震灾难紧急救援队的队员退役之后，选择到这里做教官。

在都江堰灾区现场，一些橘红色的身影格外抢眼，他们来自国家地震灾害救援队。

5月13日凌晨2点23分，原本准备直接赶往汶川的他们，在看到都江堰的灾情后，临时决定在此开展救援工作，两个小组分别奔向损毁最严重、掩埋人数最多的都江堰市中医院和聚源镇中学。

于是很多人在电视上看到了少见的一幕：队员拿出先进的生命探测仪，探测废墟下的微弱生命，一旦发现幸存者，生命探测仪的大屏幕上还可以显示出幸存者身体被压的部位，以便救援队伍在不伤害幸存者的前提下，迅速移开障碍物。

这支由148名工兵团某部救援队员、44名地震局专家、现场应急队员、救援队员、22名武警医院医护人员组成的队伍，也是目前中国最精锐最有经验的地震救援队。在过去的几年中，他们曾经出现在印尼、伊朗等多国地震现场。

对于地震救援技术落后带来的苦痛，中国人早有体会，由于缺乏专业人员和先进设备，很长一段时间内，中国只能依靠人海战术来应对自然灾害。1976年的唐山大地震，大部分幸存者都是解放军用血淋淋的双

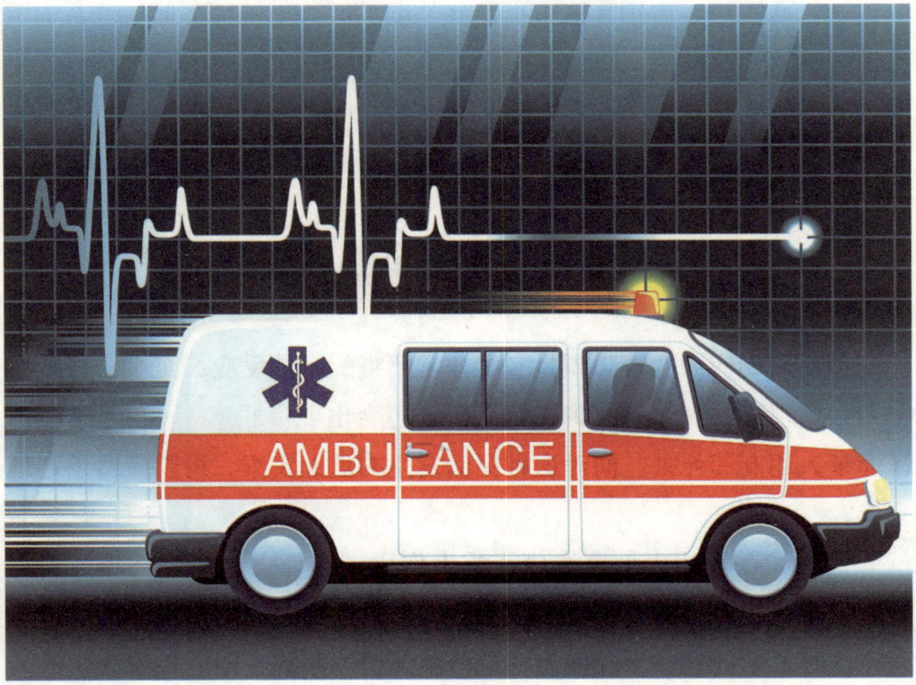

手，从废墟中挖出来的。而当时，在美国等一些发达国家，专业救援队伍已经开始出现。

事实上，尽管国家地震灾难紧急救援队成立时间不长，但是依靠曾经是赴阿尔及利亚、伊朗、印尼等地参与救援工作的队伍，已经在国际上有了一些声望。培训基地也与荷兰、瑞士、日本、俄罗斯、以色列等先进国家都有合作。

给灾难后的人一个心理支持

创伤后的应激心理障碍是一种非常严重的心理反应，至少会持续一个月，出现失眠、易怒、惊恐等反应，还会出现负罪感——自己幸存下来而亲人朋友却死去。面对这种突然发生的重大灾难，可以应给予心理支持。

例如，在汶川大地震造成了重大伤亡，有死亡、房屋倒塌等看得到的灾难，还有一种看不见的灾难——重大灾难之后的创伤应激心理障碍，这时，给他们一个问候电话、一条温情的短信、陪着惊魂未定的人等，都是很重要的心理支持。当然，如果有心理学工作者提供专业帮助则更好。

创伤后的应激心理障碍是一种非常严重的心理反应，至少会持续一个月，出现失眠、易怒、惊恐等反应。

这种状况会让人极度脆弱，脑海里会一遍又一遍重现灾难发生时的可怕情景，听到突然的声音会惊吓得跳起来，等等。

面对这种突然发生的重大灾难，可以从以下几个方面给予心理支持：

·睡觉休息，减少不必要的活动。如果能够睡觉，尽可能让他们睡觉休息，因为一个质量高的睡眠，对于恢复人体本身的免疫能力帮助很大，从而提升他们应对灾难的心理承受能力和自我调整能力。

·陪着他们说话。对于那些惊恐未定的人，陪伴在他们身边是非常重要的，如果他不停诉说灾难的情景，不要阻断他的叙述，耐心倾听，并让他感觉到你能够感同身受。

·适度的肢体接触。对于那些虚弱的人，比如老人和孩子，握着他的手，或者给他一个温暖的拥抱，都会让他脆弱的心理得到很好的支持。

·遇到极度悲伤的人，比如正在痛哭的人，不要阻止他的痛哭，而是在旁边安慰，哪怕不说一句话，只是默默地拥抱他、搀扶着他，都是很好的支持，不说“不要哭……”之类的话，要让他把痛苦的情绪释放出来，因为这种极度的情绪释放对平复他的情绪帮助很大。

·提供充足可靠的信息，避免谣言造成的恐慌心理。灾难发生后，一般会出现信息混乱，很多没有经过确认的信息会很快传播，很可能造成不必要的惊慌，这就需要有关部门保障信息畅通，让人们听到最权威、最及时、最准确的信息，这是很重要的心理支持。

·不要忽略救援人员的心理支持。因为参与救援的战士和其他人员一次次面临灾难场景，看到惨烈的伤亡情景，都会对他们的内心造成很大冲击。前段时间胶济铁路的事件中，有些赶到现场的年轻护士

趣味链接

救援人员和受灾的当事人一样会产生情绪反应，这是我们应该记住的很重要的一点。

救援人员应该留意自己和身边的同事所发生的心理受创的信号，并采取措施缓解压力。

比如多锻炼、注意休息和增加营养都是缓解压力的方法。

就出现被现场惨状冲击的情景，这也需要周围的人给予安慰和支持。

·对于心态平衡但经历灾难情景的人，不要主动让他谈当时的惨状，以免在叙述过程中造成二次创伤。每一次叙述创伤情景，对于亲历者都是很痛苦的，都是一次心理伤害。

第七章

Chapter 7

普通人在地震前、地震中、地震后应当怎样做

地震不可避免，但是在面对地震的时候，我们却可以选择应对的措施。无数的事实证明，只要应对得当，我们就可以将地震的损失降到最低。因此，每一个普通人都应当学会在地震来临时的合理应对方法。

地震前时刻留心地震的前兆

人的感官能直接觉察到一些地震前兆。比较常见的有，井水陡涨陡落、变色变味、翻花冒泡、温度升降，泉水流量的突然变化，温泉水温的突然变化，动物的习性异常，临震前的地声和地光等。

宏观前兆在地震预报中具有重要的作用，1975年辽宁海城7.3级地震和1976年松潘–平武7.2级地震前，地震工作者和广大群众普遍观察到大量的宏观异常现象，为这两次地震的成功预报提供了重要资料。

不过也应当注意，上面所列出的多种宏观现象可能由多种原因造成，不一定都是地震的预兆。

例如：井水和泉水的小幅涨落可能和降雨的多少有关，也可能受附近抽水、排水和施工的影响，井水的变色变味可能因污染引起，动物的异常表现可能与天气变化、疾病、外界刺激等有关，还要注意不要把电焊弧光、闪电等误认为地光，不要把雷声误认为地声，不要把燃放烟花爆竹和信号弹当成地下冒火球。

一旦发现异常的自然现象，不要轻易作出马上发生地震的结论，更不要惊慌失措，而应当弄清异常现象出现的时间、地点和有关情况，保护好现场，向地震部门或政府报告，让地震部门的专业人员调查核实，弄清事情的真相。

趣味链接

每一个人都应该拥有一个“对灾难发生”的心理预期，这不仅体现在地震方面，还包括火灾、车祸、野外遇险、不法侵害等。只有心理做到了足够的重视、防范和应对，才能在灾难真正来临时从容面对，化险为夷。

地震谣言如何甄别

有一句话说得好：谣言止于智者。对于地震，有恐慌心理是可以理解的，但是，人们应当科学、理性地看待这个问题，不盲从、不迷信，才能使自己从容应对。

趣味链接

谣言传播的途径通常是网络、手机和口传，当听到谣言的时候，应当立刻通过电视、电台、报纸获取相关信息。

·正确认识国内外当前地震预报的实际水平，人类目前作出的较大时间尺度的中长期预报已有一定的可信度，但短临预报的成功率还相对较低。

·要明确一点，在我国，发布地震预报的权限在政府，任何其他单位或个人都无权发布地震预报信息。对待地震谣传，要做到不相信、不传播、及时报告。

·学习地震常识，消除恐震心理。

做好地震准备工作

在已发布破坏性地震临震预报的地区，应做好以下几个方面的应急工作：

·备好临震急用物品。地震发生之后，食品、医药等日常生活用

品的生产和供应都会受到影响，水塔、水管往往被震坏，造成供水中断。为能渡过震后初期的生活难关，临震前家庭应准备一定数量的食品、水和日用品，以解燃眉之急。

·知道临震避难场所的位置。住的问题也是一件大事。房舍被震坏，需要有安身之处；余震不断发生，要有一个躲藏处。这就需要临时搭建防震、防火、防寒、防雨的防震棚。各种帐篷都可以利用，农村储粮的小圆仓，也是很好的抗震房。

·做好家庭防震准备。在已发布地震预报地区的居民须做好家庭防震准备，制订一个家庭防震计划，检查并及时消除家里不利防震的隐患。

·检查和加固住房。对不利于抗震的房屋要加固，不宜加固的危房要撤离。对于笨重的房屋装饰物如女儿墙、高门脸等应拆掉。

趣味链接

随时保持冷静，震后走到户外；选择生命三角区；近水不近火，靠外不靠内。这是一个非常有用的地震三原则。

·合理放置家具、物品，固定好高大家具，防止倾倒砸人；家具物品摆放做到“重在下，轻在上”，墙上的悬挂物要取下来成固定位，防止掉下来伤人；清理好杂物，让门口、楼道畅通；阳台护墙要清理，拿掉花盆、杂物；易燃易爆和有毒物品要放在安全的地方。

·准备好必要的防震物品。准备一个包括食品、水、应急灯、简单药品、绳索、收音机等在内的家庭防震包，放在便于取到处。

·进行家庭防震演练。进行紧急撤离与疏散练习，以及“一分钟紧急避险”练习。

地震时在校老师和同学避震应对

我们先来看看一个发生在地震现场的真实故事，看看能够对广大学生的教师们有什么启发和启示。

汶川地震后，北川中学高三一班的李婷同学，记下了地震时从地面微动到大动的亲身感受。“记得发生地震的时候，我们正在教室里上课。毫无前兆，地面开始摇晃。刚开始，大家以为是如以往一般，轻微的地震，大家都还比较镇定，老师和男同学们也始终在喊：‘保持镇定，大家不要慌！’

“随着地面的晃动迅速加剧，同学们特别是女同学真的慌了，她们

往桌下钻，并开始叫喊、哭泣。墙开始裂缝，头上开始有石头往下掉。大家都意识到，这是一场大灾。

“有的男同学开始开门、推窗。因为墙壁挤压变形，门窗根本就打不开，他们开始用自己的拳头一下下地砸门砸窗，试了几下砸不开后，他们提椅子往窗子上砸，玻璃终于碎了，教室有了一个较大点的出口。男同学们自己组织起来，有的在外面，有的在里面，把教室里的同学和老师一个个往外扶，往外拉。

“终于，所有的同学都安全地撤离出教室。看着三楼已变成一楼的教学楼，我们心惊，听着那一声声呼救，我们的心颤动不已。”

我们普通人，应当有如下的抗震意识。

·在日本这样一个地震多发国家，教室内可能会放置如垫子、干粮、水等应急物品，一旦遇到地震，垫子可以被取下保护头部。这些都不失一个好方法。

即使没有条件，在包里随时放一瓶饮用水也是个不错的选择，在关键时刻，可以起到着火时灭火、烟尘时淋湿手帕、被埋时饮用等大功效。

·地震时，从地震发生到房屋倒塌，一般有12秒钟，此时要保持冷静。

·能撤离时，迅速有序地疏散到选定的安全地区，不要拥挤在楼梯和过道上。

·可就近躲在跨度较小的房间：在教室里可躲在墙角边；在车间里可躲在机床旁或小房间；在影剧院、饭店可躲在桌椅旁等。

·如果学校教室为砖平房，地震时坐在离门较近的学生，可迅速从门窗逃出室外。远离的学生可就地躲在桌椅旁或靠墙根趴下避难。

·住在高楼里的学生，地震时千万不要跳楼，也不要到楼梯口拥挤，应迅速躲进走廊等跨度小的空间。同时，大多数学生应就近躲在桌子旁，即使大楼倒塌时也会有生存的空间。

·在操场或室外时，可原地不动蹲下，双手保护头部，注意避开高大建筑物或危险物。

·如果已经离开房间，千万不要地震一停就立即回屋取东西。因为第一次地震后，接着会发生余震，余震对人的威胁会更大。

·住在楼房里的学生，不要站在窗前！不要到阳台上去！

·如果在剧场、影院等公共场所发生地震，不能惊慌乱跑。可以随机应变躲到就近比较安全的地方，如舞台下、乐池里。

·如果正在街上，绝对不能跑进建筑物中避险。也不要在高楼下、广告牌下、狭窄的胡同、桥头等危险地方停留。不要靠近楼房、烟囱、电线杆等任何可能倒塌的高大建筑物或树木，要离开桥梁、立交公路，到空旷的田野较为安全。

·如果地震后被埋在建筑物中，应先设法清除压在腹部以上的物体；用毛巾、衣服捂住口鼻，防止烟尘窒息；要注意保存体力，设法找到食品和水，创造生存条件，等待救援。

·震后，应当有组织地撤离到政府预先设定的紧急避难场所。

趣味链接

在地震时应远离煤气管道，易碎碗碟放置的地方，尽量避免伤害。

地震时家庭避震应对

大震来临时，家庭成员该如何避震，专家建议掌握三条原则：

原则一：因地制宜，正确抉择。震时每个人所处的环境、状况千差万别，避震方式也不可能千篇一律，要具体情况具体分析。这些情况包括：是住平房还是住楼房，地震发生在白天还是晚上，房子是不是坚固，室内有没有避震空间，你所处的位置离房门远近，室外是否开阔、安全。

原则二：行动果断、切忌犹豫。避震能否成功，就在千钧一发之际，决不能瞻前顾后，犹豫不决。如住平房避震时，更要行动果断，或就近躲避，或紧急外出，切勿往返。

原则三：伏而待定，不可疾出。古人在《地震录》里曾记载："卒然闻变，不可疾出，伏而待定，纵有覆巢，可冀完卵"。意思就是说，发生地震时，不要急着跑出室外，而应抓紧求生时间寻找合适的避震场所，采取蹲下或坐下的方式，静待地震过去，这样即使房屋倒塌，人亦可安然无恙。

地震来临时，前文所述的学校避震在这里也适用，针对家庭的特点，这里补充几点：

·抓紧时间紧急避险。如果感觉晃动很轻，说明震源比较远，只需躲在坚实的家具旁边就可以。大地震从开始到振动过程结束，时间不过十几秒到几十秒，因此抓紧时间进行避震最为关键，不要耽误时间。

·选择合适避震空间。室内较安全的避震空间有：承重墙墙根、墙角；有水管和暖气管道等处。屋内最不利避震的场所是：没有支撑物的床上；吊顶、吊灯下；周围无支撑的地板上；玻璃（包括镜子）和大窗户旁。

·做好自我保护。首先要镇静，选择好躲避处后应蹲下或坐下，脸朝下，额头枕在两臂上；或抓住桌腿等身边牢固的物体，以免震时摔倒或因身体失控移位而受伤；保护头颈部，低头，用手护住头部或后颈；保护眼睛，低头、闭眼，以防异物伤害；保护口、鼻，有可能时，可用湿毛巾捂住口、鼻，以防灰土、毒气。

震后被埋自救

·地震时如被压埋在废墟下，周围又是一片漆黑，只有极小的空间，此时一定不要惊慌，要沉着，树立生存的信心，相信会有人来救你，要千方百计保护自己。

·地震后，往往还有多次余震发生，处境可能继续恶化，为了免遭新的伤害，要尽量改善自己所处环境。此时，如果应急包在身旁，将会为你脱险起很大作用。

·在这种极不利的环境下，首先要保护呼吸畅通，挪开头部、胸部的杂物，闻到煤气、毒气时，用湿衣服等物捂住口、鼻；避开身体上方不结实的倒塌物和其他容易引起掉落的物体；扩大和稳定生存空间，用砖块、木棍等支撑残垣断壁，以防余震发生后，环境进一步恶化。

·设法脱离险境。如果找不到脱离险境的通道，尽量保存体力，用石块敲击能发出声响的物体，向外发出呼救信号，不要哭喊、急躁和盲目行动，这样会大量消耗精力和体力，尽可能控制自己的情绪或闭目休

息，等待救援人员到来。如果受伤，要想法包扎，避免流血过多。

·维持生命。如果被埋在废墟下的时间比较长，救援人员未到，或者没有听到呼救信号，就要想办法维持自己的生命，防震包里的水和食品一定要节约，尽量寻找食品和饮用水，必要时自己的尿液也能起到解渴作用。

震后互救

震后，外界救灾队伍不可能立即赶到救灾现场，在这种情况下，为使更多被埋压在废墟下的人员获得宝贵的生命，灾区群众积极投入互救，是减轻人员伤亡最及时、最有效的办法，也体现了“救人于危难之中”的崇高美德。

抢救时间及时，获救的希望就越大。据有关资料，震后20分钟获救的救活率达98%以上，震后一小时获救的救活率下降到63%，震后2小时还无法获救的人员中，窒息死亡人数占死亡人数的58%。他们不是在地震中因建筑物垮塌砸死，而是窒息死亡，如能及时救助，是完全可以获得生命的。

唐山大地震中有几十万人被埋压在废墟中，灾区群众通过自救、互救使大部分被埋压人员重新获得生命。由灾区群众参与的互救行动，在整个抗震救灾中起到了无可替代的作用。

地震发生后如何找寻被压埋的人

利用救助犬和测定微量二氧化碳气体的方法，可以很方便地对遇险者定位。但为了抢救时间，也可以用简易的方法找寻被压埋的生存者。

一是问，向了解情况的生存者询问，了解什么人住在哪些建筑内，震时是否外出，有什么生活习惯等，从中寻找可靠的线索。

二是看，观察废墟叠压的情况，特别是住有人的部位是否有生存空间；也要观察废墟中有没有人爬动的痕迹或血迹。

三是听，倾听存活人员的动静。听的方法是：要卧地贴耳细听；利用夜间安静时听；一边敲打（或吹哨）一边听。有时你敲他也敲，内外就联系上了。

四是分析，分析倒塌建筑原来的结构、用处、材料、层次、倒塌状况，判断被压埋人员的生存情况。

趣味链接

救援应当先近后远；先救容易救的人和青壮年，扩大救援队伍；先救“生”，后救“人”。唐山地震中一农村妇女，每救一个人，只把其头部露出，避免窒息，接着再去救另外一个人，在很短的时间使几十人获救。

盲目避震危害严重

在地震灾害突然袭来之时，人们普遍的心理反应是惊慌失措。无数的事实证明，人在极度惊慌中最容易丧失理智，失去方向，导致盲目避震，其危害多多。

下面的这些案例，可以给我们一些启示和思考。

· 错失避震良机，反遭伤害。

2000年4月29日11时54分，河南省南阳市内乡、镇平之间发生了4.7级地震。此次地震中唯一的死亡者就是盲目避震的恶果。地震时，内乡县马山口镇大寨村12组的一位居民，由于过于惊慌，盲目跑出屋外，房顶部的女儿墙倒塌使其被砸而丧命。这个人震时如果不盲目疾出，躲在坚实的家具旁或墙角就可以免遭伤害。

镇平县考山乡大陈营小学一名女学生，是在地震发生时拥挤下楼被踩踏致伤的。她错失了课桌旁的良好避震条件，盲目拥挤下楼反遭伤害。

· 无震也成灾，酿致悲剧。

1994年，我国南方某市的一个建筑施工公司，在深夜搞了一幢旧楼爆破工程，结果有恐震心理的市民们以为地震了，跳窗、跳楼者颇多，一下子伤亡百余人，盲目避震造成一场悲剧。

1998年8月22日11时50分左右，成都某厂几个工作人员打麻将，一个人无意中撞了桌子一下，另一个人就高喊："地震了！"谁知转眼间一句戏言竟迅速传开。一时间，人们纷纷拖儿带女跑出家门。23日凌晨，经市地震局和警方人员现场调查，弄清了事实真相，耐心辟谣，这场闹剧才被平息，幸亏没酿成悲剧。

·小震惊慌跳楼，酿成大灾。

1983年四川万县（现重庆市万州区）发生3.8级有感地震。这种震级的地震本身并不可怕，不会造成破坏和伤亡，也不必采取避震措施。但缺乏地震常识的数十名学生误认为是大震来临，惊恐万状，纷纷盲目跳楼，造成一场不应发生的大灾难。

1992年12月27日运城4.1级震群活动，震中烈度5度。处于震中位置的运城市王范乡，建筑物有轻微损坏，当地群众震感强烈，听到明显的地声，未造成人畜死亡。但发生了盲目避震的悲剧造成了不应有的损失。地震时，运城某中学有位老师大喊："地震了！"整个教学楼里顿时乱作一团，惊慌失措的师生们蜂拥外逃，一齐涌向楼梯，致楼梯严重超载，突然折断，遂造成18名学生受伤，重伤3人，轻伤15人。更有甚者，一人竟从三楼跳下，幸亏被树枝挂住才未造成严重后果。

·远震吓破胆，疾出跳楼。

1984年5月21日，我国南黄海发生6.2级地震，波及上海市，但未造成破坏，可不必采取紧急避震措施。然而，某大学却有124名学生因恐震跳楼和拥挤下楼而受伤。酿成盲目避震的恶果。

为避免盲目避震现象的发生，我们必须做到：

·平时注意地震知识和避震常识的学习，提高防震减灾意识；

·震时要头脑冷静，镇定自若，切勿惊慌失措；

·审时度势，就近避震，身居高楼或门前无宽广地带的平房居民，勿疾出，避于空隙之处，即易形成三角空间的地方，如坚实的家具下，或墙角处，亦可暂避于承重墙较多、空间小的厨房或厕所内，审时趋避，可取得最佳避震效果。

地震后应该对别人说的话

地震把人们带到灾难中，面对又一次突如其来的灾难，面对一个个戛然而止的生命，我们悲痛，但我们更需要信心和坚强，需要如汶川地震时的信心和坚强。

当我们努力去帮助他人时，是否也感受到自身的脆弱和无助？心灵关怀不仅仅是给受灾者的，同样对于未受到伤害的人也是一种鼓励和支持。

除了地震灾害，关注内心和自我，避免“心灵地震”的影响，对每个人都非常重要。

对受灾者，我们能做的：当灾难刚刚发生时，在努力去理解和感受灾难幸存者的基础上要说：

·对于你所经历的痛苦和危险，我感到很难过。

·你现在安全了（如果这个人确实是安全的）。

·这不是你的错。

·你的反应是遇到不寻常的事件时的正常反应。

·你有这样的感觉是很正常的，每个有类似经历的人都可能会有很好的反应。

·看到/听到/感受到/闻到这些一定很令人难过/痛苦。

·你是不会发疯的。

·事情可能不会一直是这样的，它会好起来的，而你也会好起来的。

·你现在不应该去克制自己的情感，哭泣、愤怒、憎恨、想报复等都可以，你要表达出来。

第八章

Chapter 8

比地震破坏力更大的副产品——海啸

地震可怕，但是还有一个比地震更可怕的衍生产品海啸。了解海啸的成因与动向，对我们的沿海地区的防范非常重要。

沿海地区的噩梦——海啸

在2011年3月11日的东日本大地震中，造成严重人员损失的，并非地震本身导致的房屋倒塌，而是海啸。

海啸是一种灾难性的海浪，通常由震源在海底下50千米以内、里氏6.5级以上的海底地震引起。水下或沿岸山崩或火山爆发也可能引起海啸。

海啸波长比海洋的最大深度还要大，在海底附近也没受多大阻滞，不管海洋深度如何，波都可以传播过去。海啸时掀起的狂涛骇浪，高度

可达十多米至几十米不等，形成“水墙”，可以传播到几千千米而能量损失很小。如果海啸到达岸边，“水墙”就会冲上陆地，对人类生命和财产造成严重威胁。

2011年日本海啸来临的时候，日本东北部的沿海地区遭受了重创。据报道，日本港湾空港技术研究所2011年3月18日发表调查报告指出，这起海啸最大高度可能达到20米。日本《读卖新闻》报道，至少有23米高。

海水如泰山压顶一般冲向沿海的陆地，将房屋直接冲垮，摧毁了阻挡它前进的一切物质，将汽车像小船一样卷入海水，不见踪迹，受难的人员即使会游泳，也会被无情的海浪冲到大洋深处。整个场景，就如同世界末日一般。

日本气象厅当时对岩手、宫城、福岛三县的太平洋沿岸发布大海啸警报。从北海道至伊豆群岛均发布海啸警报。地震或将引发约6米高的海啸。日本岩手县釜石市观测到最高4.2米的大海啸。

太平洋海啸预警中心也已向俄罗斯、马里亚纳群岛以及菲律宾发布了海啸警报。

在2004年12月的印度洋大海啸中，同样的场景也发生在泰国、印度等国，造成了空前的人员伤亡，几乎毁灭了其肆虐的全部沿海地区。

可以说，认识海啸，预报海啸，危机逃生，成为了每个沿海人们都应该知晓的事情。

趣味链接

依据美国国家航空航天局收集的资料，这次强震使日本本州岛向东移动大约3.6米，使地球自转加快1.6微秒。这次地震是1900年以来全球第五强震，也是日本自1923年官方测定地震震级以来，震级最高的一次地震。地震造成大范围地质变化。

什么是海啸

海啸是由水下地震、火山爆发或水下塌陷和滑坡等大地活动造成的海面恶浪，并伴随巨响的现象。是一种具有强大破坏力的海浪，是地球上最强大的自然力。

海啸的波长比海洋的最大深度还要大，在海底附近传播不受阻滞，不管海洋深度如何，波都可以传播过去。

海啸在海洋的传播速度大约每小时500～1000千米，而相邻两个浪头的距离可能远达500～650千米，它的这种波浪运动所卷起的海涛，浪高

可达数十米，并形成极具危害性的“水墙”。

海底50千米以下出现垂直断层，里氏震级大于6.5级的条件下，最易引发破坏性海啸。

那么，2011年的日本地震为什么会引发如此大规模的海啸呢？

趣味链接

海啸在许多西方语言中称为“tsunami”，词源自日语“津波”，即“港边的波浪”（“津”即“港”）。

德国地学研究中心地震专家约阿希姆·绍尔说，日本2011年的强烈地震在地壳中造成了大约400千米长的断裂，虽然释放出了大部分能量，但断裂地带的北部和南部压力增大。研究中心地球物理学家赖纳·金德说，日本强震造成地壳应力场受到严重干扰，所以需要一段时间才能重新恢复平衡。

美国地质勘探局地震专家说，2011年的日本大地震可能会引发数

十次大余震和数百次小余震。美国地质勘探局已经监测到13次震级高于里氏 6 级的余震，35次震级高于里氏 5 级的余震，以及数百次震级在里氏三四级的余震。日本在接下来的几周和几个月都有可能出现大规模余震，甚至几年后都有可能继续发生余震。

不过，美国地质勘探局也表示，发生更大余震的可能性不大，但发生里氏六七级余震的可能性还是不小。根据经验法则，大震后最强烈的余震仍可能达到比首震震级低一级的水平。

专家预测，一次接近9级的强震之后，很可能还会出现7级，甚至8级的余震。专家的判断是正确的。果然，在一个月以后的4月11日，日本又遭受7.1级余震。

海啸的特点

目前，人类对地震、火山、海啸等突如其来的灾变，只能通过观察、预测来预防或减少它们所造成的损失，但还不能阻止它们的发生。

海啸通常由震源在海底下50千米以内、里氏地震规模6.5以上的海底

地震引起。

由地震引起的波动与海面上的海浪不同，一般海浪只在一定深度的水层波动，而地震所引起的水体波动是从海面到海底整个水层的起伏。此外，海底火山爆发，土崩及人为的水底核爆也能造成海啸。陨石撞击也会造成海啸，“水墙”可达数十米。而且陨石造成的海啸在任何水域也有机会发生，不一定在地震带。不过陨石造成的海啸可能千年才会发生一次。

海啸同风产生的浪或潮是有很大差异的。微风吹过海洋，泛起相对较短的波浪产生的水流仅限于浅层水体。猛烈的大风能够在辽阔的海洋卷起高度3米以上的海浪，但也不能撼动深处的水。而潮汐每天席卷全球两次，它产生的海流跟海啸一样能深入海洋底部，但是海啸并非由月亮或太阳的引力引起，它由海下地震推动所产生，或由火山爆发、陨星撞击、或水下滑坡所产生。

趣味链接

我国位于太平洋西岸，大陆海岸线长达1.8万千米。但由于我国大陆沿海受琉球群岛和东南亚诸国阻挡，加之大陆架宽广，越洋海啸进入这一海域后，能量衰减较快，对大陆沿海影响较小。

海啸波浪在深海的速度能够超过每小时700千米，可轻松地与波音747飞机保持同步。虽然速度快，但在深水中海啸并不危险，低于几米的一次单个波浪在开阔的海洋中其长度可超过750千米这种作用产生的海表倾斜如此之细微，以致这种波浪通常在深水中不经意间就过去了。海啸是静悄悄地不知不觉地通过海洋，然而出乎意料地在浅水中会达到灾难性的高度。

海啸是一种具有强大破坏力的海浪。水下地震、火山爆发或水下塌陷和滑坡等大地活动都可能引起海啸。

地震发生时，海底地层发生断裂，部分地层出现猛然上升或者下沉，由此造成从海底到海面的整个水层发生剧烈“抖动”。这种“抖动”与平常所见到的海浪大不一样。海浪一般只在海面附近起伏，涉及的深度不大，波动的振幅随水深衰减很快。地震引起的海水“抖动”则是从海底到海面整个水体的波动，其中所含的能量惊人。

海啸时掀起的狂涛骇浪，高度可达10多米至几十米不等，形成“水墙”。另外，海啸波长很大，可以传播几千千米而能量损失很小。由于以上原因，如果海啸到达岸边，“水墙”就会冲上陆地，对人类生命和财产造成严重威胁。

如何在海啸中逃生

· 当你感觉大地发生颤抖时，远离海滨，登上高处，不要去看海啸——如果你和海浪靠得很近，危险来临时就会无法逃脱，除非海啸规模不大。

· 认真学习海啸形成和征兆的相关知识，并教给你的亲朋好友。切记，因为这是救命的知识！

· 如果海啸警报响起时，你正在学校上课，应当听从老师和学校管理人员的指示行动。

· 如果海啸警报响起时你在家，请召集所有家庭成员一起撤离到安全区域，同时听从当地救灾部门的指示。

· 如果你在海滩或靠近大海

趣味链接

2011年东日本大地震及海啸之所以造成如此严重的破坏，特殊地形可能使海啸能量进一步放大。

海啸浪高和破坏性取决于多种因素，比如地震级别、波动的水量、海浪冲向岸边所在的海床地形，以及是否存在阻碍浪潮的天然屏障。一些专家认为三陆海域的里亚斯型海岸地形有可能使海啸的巨大能量进一步被放大。

里亚斯型海岸是那些海岸线的总方向与构造线走向大致直交的海岸，有很多外侧宽广而内侧狭窄的“三角形海湾”。这样的海岸，越向海湾内侧，海浪就越容易升高。

京都大学防灾研究所教授间濑肇说，在三陆海域附近海湾深处，海啸也许达到了30米高。

的地方感觉到地震，要立刻转移到高处，千万别等到海啸警报拉响了才行动。

·海啸来临前，同样不要待在同大海相邻的江河附近。近海地震引发的海啸往往在警报响起前袭来。外海海底地震引发的海啸让人有足够的时间撤离到高处，而人类有震感的近海地震往往只留给人们几分钟时间疏散。

·海岸线附近有不少坚固的高层饭店，如果海啸到来时来不及转移到高地，可以暂时到这些建筑的高层躲避。

·礁石和某些地形能减缓海啸冲击力，但无论怎样，巨浪对沿海居民构成严重威胁。因此在听到海啸警报后远离低洼地区是最好的求生手段。

海啸来临的预兆

地震是海啸最明显的前兆。如果你感觉到较强的震动，不要靠近海边、江河的入海口。如果听到有关附近地震的报告，要做好防范海啸的准备，注意电视和广播新闻。要记住，海啸有时会在地震发生几小时后到达离震源上千千米远的地方。不过，由于海啸的能量传播要作用于水，一个波与另一个波之间有一个距离，这个距离，就为那些有相关知识的人留下了逃生的时间。

·海水会突然下沉，并引起水流向下沉的方向流动，从而出现快速的退潮。

·海滩上出现大量深海鱼类。由于深海环境和水面有巨大差别，深海鱼类绝不会自己游到海面，只可能被海啸等异常海洋活动的巨大暗流卷上浅海。因此，深海鱼类出现在海面上，是海啸等海洋异常活动的预报。

·海面出现异常的海浪。海啸的排浪与通常的涨潮不同，海啸到来前的排浪非常整齐，浪头很高，像一堵墙一样。

·动物有异常行为。科学家认为，地震影响到地下水的流动、地球的磁场、温度和声波。动物比人类更敏感，因此它们能够比人类先感觉到变化。

目前国际上有没有预防海啸的预警机制？

目前全球已建立了国际海啸预警系统。该系统是1965年开始启动的，此前的1964年阿拉斯加一带海域发生了里氏9.2级的地震，地震引起的巨大海啸袭击了大半个阿拉斯加。海啸发生后，美国国家海洋和大气局开始启动这一研究。

后来，太平洋地震带的一些北美、亚洲、南美国家，太平洋上的一些岛屿国家、澳大利亚、新西兰，以及法国和俄罗斯等国都先后加入。

据介绍，国际海啸预警系统一般是把参与国家的地震监测网络的各种地震信息全部汇总，然后通过计算机进行分析，并设计成电脑模拟，大致判断出哪些地方会形成海啸，其规模和破坏性有多大。

基本数据形成后，系统会迅速向有关成员国传达相关警报。而一旦海啸形成，该系统分布在海洋上的数个水文监测站会及时更新海啸信息。

第九章
Chapter 9

地震中的大爱与人性光辉

地震无情人有情。地震虽然像恶魔一样可怕，可是在人性的光辉与大爱面前，就显得渺小了许多。让我们来了解一下这些英雄的事迹吧。

在废墟下唱歌的小学生林浩

2008年5月12日，对于中国人来说是个难忘的日子，那一天下午，汶川地震发生了。

小林浩是映秀小学二年级的学生。地震发生时大家都往外跑，但被板子砸倒在地。“当时石板后面传来一个女同学的哭声。我就告诉她，别哭了，我们一起唱歌吧。大家就开始唱学校教的歌。最后一首《大中国》唱完后，女同学不哭了。”

两个小时后，小林浩开始慢慢挪动身子向外爬。由于个子小，他几经努力终于爬出了废墟。

逃出劫难的他没有跑，而是又爬了回去，连拖带拽地将两个昏迷的同学拉出废墟。

被问到为什么要这么做时，他只是稚气地大声宣告：“我是班长”。从那天起，儿童中心的人都叫他“小班长”。

因为救同学，小林浩的头部多处被砸破，左手臂严重拉伤，志愿者每天都用热毛巾为他热敷。志愿者张朝芝透露：“小林浩刚来时和父母联系不上，情绪很不好。后来联系上了在外打工的父母，孩子才平静下来。”

趣味链接

乐观、坚持、友爱、互助，这是这个二年级小学生的光辉品格，在这种精神的映衬下，一切灾难都是可以克服和战胜的。

为了救学生而牺牲的女教师

她是一名光荣的80后人民教师，她是一个美丽的天使。她的名字叫袁文婷，女，1982年9月6日出生。她毕业于四川理工学院。

2008年刚满26岁的袁文婷，是民主小学的一位优秀的语文老师。5·12地震发生时，她在奋力救出了十余名学生后，却因为楼房的垮塌而永远地离开了大家。

她最后救出的孩子叫吴佳辉，他一听到袁老师的名字就开始嚎啕大哭，嘴里一直叫嚷：“袁老师还被埋在里面，她没有死，我看见她倒下的，她手里还牵着同学。”在他的脑海里，一直都回放着地震发生那一刻时袁老师的身影。

他抽泣着说：“当时我们在教室里复习功课，袁老师正在给我们检

查作业，我们只感觉地开始晃动，根本就没意识到地震发生了，只听见袁老师大声吼叫，地震了，大家快跑……我们当时也吓傻了，站在那儿不知道该往哪儿跑，只见袁老师快速地奔跑过来抱起大家就往外跑，一个、两个、三个……十多个同学被送出了教室，正当袁老师把我放在教室门口又转身回去救其他同学时，我只听见‘嘭’的一声，楼板就掉了下来，我也被楼上的饮水机砸倒在地，当我回头去寻找袁老师的身影时，在离我几米远的地方，我只看见了她的双脚和她怀里抱着的同学。”

5·12晚上10点刚过，搜救人员终于发现一块厚重的水泥板下压着的袁老师的身影，当救援人员艰难地抬走这块水泥板时，眼前的一幕让大家潸然泪下：袁老师柔弱的身躯下还藏着她的学生，而此刻袁老师却因为伤重永远闭上了自己的眼睛。

袁文婷在什邡为了救学生牺牲了，人们沉痛哀悼她。她是很美丽的女孩，她的爸爸去世得早，与妈妈相依为命。她平时挺沉默的，在关键时刻却做了让人动容的事迹。在地震来临时，她一次次地返回教室抱出孩子，自己却永远出不来了。

趣味链接

女教师袁文婷崇高的精神令人动容，她真正地诠释了一个优秀人民教师的品质，值得所有人学习。

日本大地震中坚守岗位到最后一刻的女播音员

2011年的日本大地震，随之而来的海啸夺走了上万人的生命。我们为逝者哀悼，也为幸存者庆幸。灾难面前，有人挺身而出，为了他人甚至献出宝贵的生命，其中就有坚守到最后一刻的女播音员远藤未希。

“海啸正在袭来，请立即撤离！”这是远藤未希留下的最后一句话。这位勇敢的日本女性在海啸巨浪即将侵袭南三陆町之际，通过广播通知全县居民紧急撤离，坚守岗位直至自己被巨浪卷走。

趣味链接

忠于职守，为了公共的利益牺牲自我，这种敬业精神超越了国界，令人感动。

25岁的远藤未希是日本重灾区宫城县南三陆町危机管理科的工作人员。据幸存者称，在地震发生30分钟后，10米高的巨浪汹涌袭来。最后只有10人生还，他们抓住了建筑物楼顶上的无线铁塔得以获救，但其中没有未希。远藤未希的母亲远藤美惠子哭泣着说："她尽了最大的努力来把消息广播出去，职员们看见未希被海浪卷走，恐怕没有生还的希望了。"

居民们听到未希在广播中一直不断播送海啸警报，她还鼓励大家赶紧寻找高地躲避，直到海啸吞没工作大楼，她的声音才消失。

一位当地居民在地震发生后听到了远藤未希的广播，立即拿起手机，驱车冲到了地势比较高的地方。当时红绿灯都已经灭了，街道上拥堵不堪。在车上，她回头看了看，海啸咄咄逼近，吞噬了自己的家。当她全速逃到高地之后，遇到了远藤美惠子，这位居民紧紧握住美惠子的双手说道："我听到你女儿的广播了，很清楚。"

靠科学知识拯救人们的英国小姑娘

在印度洋大海啸中，一名10岁的英国小女孩仅凭自己在课堂上学到的知识，救了几百人的性命。

这位小英雄名叫缇丽，海啸来临当天，她正和父母在泰国普吉岛海滩享受假期。就在海啸到来前的几分钟，缇丽的脸上突然露出惊恐之色。她跑过去对母亲说：“妈妈，我们现在必须离开沙滩，我想海啸即将来临！”她说她看见海面上起了很多的泡泡，然后浪就突然打了过

来。这正是地理老师曾经描述过的情形，并且她记得，从海水上涨到海啸袭来，这中间有10分钟左右的时间。

起初，在场的成年人对小女孩的话都半信半疑，但缇丽坚持请求大家立即离开。于是，几分钟内游客已全部撤离沙滩。当这几百名游客跑到安全地带时，身后已传来了巨大的海浪声……

“噢，上帝，海啸，海啸真的来了！”人们在激动和惊恐中哭泣，争相拥抱和亲吻他们的救命恩人缇丽。当天，这个海滩是普吉岛沿岸唯一没有人员死伤的地方。

趣味链接

培根说过：知识就是力量。只要掌握了知识，那么终有一天，它会派上大用场。地震和海啸再可怕，只要运用知识的力量，也是可以战胜的。

第十章
Chapter 10

与地震决战——加固建筑

目前，主动防范地震还是个世界性的难题，不过，我们还可以被动地迎战地震。最有效的方法就是加固房屋，使它能够震不倒，最大限度地挽救人的生命。在这方面，很多国家和专业人士都有着很好的经验。

把防震作为选址的重要指标

在防震方面，人们首先应当有未雨绸缪的意识。搞城市规划、工程建设应该将防震纳入考虑，把预防地震作为一个重要的参考指标。

·首先得选好场地，从防震抗震角度看，应该“避重就轻”，即避开那些将来可能遭受严重地震灾害的地方，选择那些可能不发生大地震或遭受地震灾害较轻的地方。

·地震活动断裂带交会地区，强地震活动区，地下水位很浅的地方，地下有溶洞的地方，古河道和旧池塘、地势高陡的山坡等，均不适合搞工程建筑，应该尽量避开。

·那些古今均无大震活动的地方，大地震时的低烈度异常区，相对来说比较安全，搞工程建设既安全又省钱。为了寻找防震抗震的“安全岛”，必须开展古地震研究、历史和现今地震活动断层的研究，进行地震地质调查、场地地震安全性评价。还要预测工程在有效使用期内，可能发生多大的地震，发震概率是多少，以及邻近地区发生大震时可能产生的破坏等等。

·防震抗震的重点是"生命线工程"和城市重要建筑，如大水库、大电站、大工厂、铁路、公路等交通枢纽、机场、军工设施、通信设施、水电设施等是关系到国计民生的"生命线"工程，必须要考虑抗震设防问题。

·城市遭受地震灾害的程度与城市拥有的抗震、防震设施高低情况有密切关系。如唐山市的基本烈度在大地震前定为6度，楼房无抗震措施，故7.8级地震以后，大量的预制板就变成了"棺材板"。鉴于唐山大地震的惨重教训，我国建设部门规定，地震烈度为6度、市区人口达百万以上的城市以及若干重要的城市，其工程设计应该提高到7度设防。

·除了做好新建工程的抗震工作外，还要做工程震害和城市震害的

趣味链接

在新的城市项目上马前，规划部门应当随时与地震和地质部门紧密联系，及时获取选址信息，避免开工后再发现问题，造成损失。

预测，预测未来大震时可能遭受多大破坏，会产生什么次生灾害，以及人员伤亡和经济损失等。在这个基础上，要对缺乏抗震能力的工程和房屋进行抗震加固。

抗震需要增加基础建设投资，如城市建设设防标准从6度提高到7度，投资则增加8%左右。花钱抗震合不合算呢？

阿根廷胡安市1944年1月15日一次7.8级地震，被夷为平地，8万居民中有1万人遇难，原因是未采取抗震措施。该城重建时，所有建筑物严格按抗震规范施工，1977年11月23日该市附近发生7.4级地震，而且震源较浅，但城市完好无损，无一伤亡。两次震灾后果对比，说明了城市防震的重要性和重大的经济效益。

建筑物直接对抗地震

当地震的来临不可避免的时候，建筑物就与地震进行了一个生死对决，这直接关系到千万人的生命，绝对不可轻视。

建筑物抗御地震的破坏，应具有以下特征：地基牢、整体性强、重心低等三个要素。

·地基应选在基岩上、大块碎石层上或均匀密实的土层上，要避开山坡地、半填着洼地、河海边、古河道沙滩、断层断裂池塘淤泥、谷底陡坡等。若实在无法避开，做地基时要加以特殊处理，设置高50厘米的底圈，务求地基扎实牢固。

·整体性要求建筑物体形简单对称，不置高门脸、装饰物等，其

重量和刚度要均匀对称，做到地基、柱子、墙体、屋顶联结一体，大跨度门窗不要破坏纵横的联结，各种管道设备尽量不要预埋墙内，如有混凝土构造柱时，必须先砌墙后浇柱，墙与柱应沿墙高每50厘米设钢筋联结，每边伸入墙内不少于1米，横墙间距宜小，房间平面不宜过大。

·砌浆要讲究，标号要高些并要拌均匀，施工精细。建筑物应做到下重上轻，屋盖、墙体应尽量采用轻质高强材料，建筑重量随层高而递减，墙体要少、要薄，像不倒翁一样斜而不倒。例如，承德市普宁寺中世界最大的木雕大佛高22.28米，重约110吨，唐山地震时，向前倾斜了15度，但余震时恢复垂直了，因为大佛整体性强，重心低。

趣味链接

新西兰是一个地震多发国家。它的建筑抗震技术走在了世界前沿。新西兰是第一个设计出能在地震中屹立不倒的钢筋混凝土建筑的国家，这种名为“能力设计”的抗震方案如今已被全球采用；新西兰也是第一个开发并应用地震隔离系统设计的国家，这个技术可以让建筑物被放在特殊的轴承上，避免结构性的破坏。

但即便如此，在克莱斯特彻奇的2011年2月的地震中，还是造成了100多人的死亡，所以说抗震斗争任重道远。

让智能材料大显身手

智能材料是指能感应周围环境的变化，并能针对这一变化采取相应“行动”的材料。

一旦外界的震动、声音、压力、温度、电磁波等物理量变化时，智能材料的性状也会随之变化。智能材料包括那些能对周围环境产生反应的液体、合金、合成物、玻璃、水泥、陶瓷和塑料等材料，应用领域十分广泛。

例如：将智能材料应用于建筑桥梁中，就可很容易地检测出建筑物在使用过程中，或在遭受狂风、地震，以及载重车辆通过时产生震动后，可能出现的隐患和潜在的危险程度，并顺感应自动进行修复和加固。

· 智能混凝土可以提高各种建筑物的安全性。美国的建筑学家从20世纪90年代初便开始研究智能混凝土，他们在混凝土中埋入大量事先装

有“裂纹修补剂”的空心纤维。一旦建筑物混凝土开裂，空心纤维也随之开裂，并流出修补裂纹的黏合剂，把裂纹牢牢粘在一起，实现自我修复。

这种智能混凝土实际上已具有了有机物的属性，它可以敏锐地觉察到裂纹并将其修复，因此，能够延长混凝土结构的寿命，减少灾害的损失和必要的维护工作，大大提高建筑物的安全性。

·智能材料中形状记忆材料更是备受推崇，它是指对形状有记忆功能的智能材料。如果改变了其形状，可以在一定条件下恢复原来的形状。形状记忆合金类金属可以变形，并在设定的温度下恢复原来的形状，例如，镍钛合金在受热时，具有在受控状态下，从变形后的形状恢复到原来形状的能力。

·电流变体和磁流变体是这样一种智能材料，将它们放在电场或磁场中时，其黏度在几毫秒内就会大大改变，甚至立即变成固态。

·机械工程师们正在研究用智能材料减弱或抵消由地震引起的破坏性振动。在一种复合材料内植入一些形状记忆合金纤维，这些纤维像肌肉一样，可自行改变形状和松紧，即当形状记忆合金通电时，温度增加，它便像绷紧的肌肉一样增加梁的刚性，并由此控制梁的固有振动频率。

研究者又把这根可以通电后绷紧的梁黏结在一根支柱上，迫使其振动，然后再用计算机操纵一个控制形状记忆合金纤维通电的规则系统，用来改变梁的刚性以抵消外来的振动，使建筑物的寿命大大延长。实验结果证明，埋有形状记忆合金丝的智能材料，其抗震能力增长了10倍。

·主动结构声控也是智能材料系统是较为成熟的应用之一。声控的目标就是减少由于这些结构的振动而引起的声辐射。美国密歇根州立大学复合材料与结构中心实验室的莫·威·甘地等人在1988年6月首次公布了将电流变体与复合材料相结合的智能复合材料的研究结果。他们的方法是在复合材料悬臂梁的空腔内注入电流变体，通过外加电场改变其状态，从而实时控制梁的刚度、阻尼，实现了对建筑物结构整体振动的主动控制。

·日本东京大学柳田博明等人，将碳素纤维和玻璃纤维组合，埋入混凝土中，以检测混凝土的应力状态和形变量。两种纤维在电学性能及力学性能方面的互补性，使纤维在增加强度的同时，还能通过纤维电阻的变化，分析出混凝土中的受力状态、形变程度和破坏情况，起到诊断裂纹和警报损伤甚至预测服役寿命的作用。

现在，他们已经把这种智能材料成功地应用于银行等重要结构设施的防盗报警墙体。日本人希望，全国所有造价昂贵及重要的桥梁和建筑物都能够用上这种智能材料，实现实时监控：当建筑物结构体受到破坏

趣味链接

中国最早有记载的地震是在尧舜时代（公元前23世纪）发生在蒲州（现称）的地震。

和损伤时能即刻发出早期警报。

·碳纤维是一种高强度、高弹性模量、轻质、耐高温、耐腐蚀、导电性能良好的纤维状碳素材料。将碳纤维加入混凝土中，则可形成智能混凝土。

随着科学技术的进步，智能材料在建筑工程上将会发挥越来越重要的作用，为人类防震减灾作出更大贡献。

基础隔震提高建筑抗震性能

基础隔震这一概念最早由日本学者提出，如今基础隔震技术已被应用到实际中。这样的建筑结构，可以使房屋建筑在大地震中保持完好无损、安全可靠。

在建筑上部结构与地基之间设置安全的隔震系统，由于隔震层的刚度很小，当地震发生时，隔震层将发挥“隔”的作用，承受地震动引起的位移运动，而上部结构只作近似平动。普通建筑结构的地震反应是“放大晃动型”，而基础隔震结构的地震反应只是它们的1/12～1/4，大大提高了结构的安全度。普通建筑结构的层间位移大，地震时节造成建筑的开裂、破坏甚至倒塌。基础隔震结构的层间变形很小，这样不仅建筑结构不会破坏，而且建筑内的装修、设施也保持完好。

应用基础隔震技术的建筑已遍布世界各地，其中应用较多的隔震元件是建筑隔震橡胶支座。隔震橡胶支座是由一层钢板一层橡胶层层叠合起来的，并经过加工将橡胶与钢板牢固地黏结在一起。

第一，隔震支座有很高的竖向承载特性和很小的压缩变形，可确保建筑的安全；

第二，隔震支座还具有较大的水平形能力，剪切变形可达到250%而不破坏；

第三，橡胶隔震支座具有弹性复位特性，地震后可使建筑自动恢复原位。采用隔震橡胶支座的建筑物，设防目标一般可以提高一个设防等级。传统建筑的设防目标是“小震不坏，中震可修，大震不倒”，而设计合理的基础隔震建筑通常能做到“小震不坏，中震不坏或轻度破坏，大震不丧失功能”。

此外，采用隔震橡胶支座建造的房屋，可适当降低上部结构的设防水准，这样就有可能使建筑布置更加灵活，并可减少一些结构的构造措施或减小一些结构件的尺寸或配筋（如墙体厚度），从而使上部结构能节约部分土建造价。此外，现代科技的发展已解决了橡胶的老化等耐久问题，完全可以使橡胶隔震支座的寿命满足建筑使用的要求。

基础隔震技术适用范围很广，尤其适用于量大面广的中低层砖混房屋和钢筋混凝土房屋建筑。在高烈度地震区，采用基础隔震技术建造的房屋，可以突破现行抗震规范中对房屋层数的限制，在保证高度比的前提下可以加高一两层，这样可以增大建筑物的容积率，节省建设用地，提高土地利用率。在中、低烈度地震区，采用隔震技术，投资可能会稍有增加，但建筑的品质与往日的相比已不可同日而语，更重要的是其产生的社会效益无法估量。

基础隔震技术在实际应用中，防震减灾效果很好。例如，在美国1994年1月17日发生的洛杉矶地震，震级为6.7级，伤亡超过7000人，损失很大。大多数医院因建筑内部设备损坏而失去使用功能。

与此相反，南卡罗莱纳医院是一个地下一层、地上七层的隔震建筑。地震中该建筑内的各种仪器设备均未损坏，甚至花瓶也没有一个掉下来。该医院起到了救护中心的作用，减少了地震损失。在日本，1995年1月17日阪神发生了7.2级地震，是战后日本最大的地震灾害。地震又一次考验了基础隔震建筑，震区内有两栋基础隔震建筑，一栋为邮政

楼，另一栋为研究所。同样神奇的是，基础隔震建筑不仅结构保持完好无损，内部设施也完全正常。基础隔震技术在地震中的卓越表现，大大推动了这一技术的研究与应用。

目前，国内除了有橡胶隔震支座技术的研究和应用外，还有石墨垫层隔震、砂垫层隔震、摩擦滑移支座隔震及橡胶隔震支座与摩擦滑移支座并联复合隔震技术等。隔震技术的多样化发展，可满足各地区、城市及乡村的不同要求。基础隔震技术可作为地震防御区城市抗震防灾的措施之一，应用于防灾指挥中心、生命线工程、避难中心、救护中心以及居民住宅建筑的建设。

趣味链接

中国引起最大水灾的地震是1786年6月1日发生在中国康定南的7.5级地震，因山崩使大渡河截流，10日决口，发生了特大洪水，造成几十万人死亡。

房屋的抗震鉴定

据统计，在世界上130次伤亡巨大的地震灾害中，95%以上的伤亡是由于建筑物倒塌造成的。

因此，震前对已有建筑物进行抗震性能鉴定是十分必要的。

下面以房屋为例，介绍抗震鉴定的具体内容。

第一，查看房屋所处的场地条件、地基基础条件是否有不利于抗震的因素。比如所处的场地是否有引发地震的断层？有无古河道？地表下

15米范围内是否有可液化的饱和砂土和亚黏土层？地形地貌是否为突出的嘴、山高耸的山包、非岩质的陡坡？是否处于不稳定的冲沟以及可能发生滑坡、地陷、崩塌、危岩滚落的地段？

第二，房屋的平面和立面形状，是简单方正、自重、刚度布置匀称，还是形状复杂、刚度变化多、局部突出或外部轮廓曲折？房屋的平面和立面形状是否简单方正、整体性强、材料延性好，体力简单有利。而那些结构自重大、重心高、整体性差、支撑圈梁少、材料脆性者为不利。

第三，建筑布局上，根据设计施工资料，查看采用的是抗震性能很差的纵墙承重布局，还是抗震性能较好的横墙承重或纵横墙承重的布局？建筑物的总高度、横墙的间距是否符合抗震规范的规定，等等。

第四，鉴定墙体坚实程度如何，有无较大裂缝，有无明显的外闪、鼓松以及墙壁有无严重碱蚀的现象。

第五，检查屋盖的安全度。木构架的承重是否歪斜？各个节点有无

地震后开裂的路面

腐朽、虫蛀、开裂等情况？木梁、穿枋、桁条下挠弯曲是否过大？构架变形的程度是否严重？

第六，检查房屋圈梁的设置是否符合规范规定？墙体转角、内外墙之间、骑楼的梁托墙与砖柱之间有没有咬砌，有无拉结措施？

第七，鉴定预制楼板与圈梁、墙体有无锚固？主要抗侧力的高大墙体、砖柱的顶部与屋盖系统锚固得怎样？壁柱是否到顶？

第八，鉴定屋盖支撑系统是否完善？各节点的连接是否可靠？屋面板与屋架、桁条联结是否牢固？

第九，检查山墙、围护墙、高低跨处的封墙与承重结构有无可靠的拉结？内隔墙的顶部与屋架有无可靠的拉结？

第十，检查突出屋顶的附属物和高大门脸、女儿墙等在地震时的危险程度。注意外悬很大的雨篷、走廊、挑檐等嵌入墙内是否过浅？

第十一，鉴定地震时紧急疏散的街巷会不会被两侧建筑物倒塌堵塞？消防栓、管道阀门、排水井会不会被震塌的建筑物所掩埋？剧院、会堂等人群集中的建筑物的太平门开向是否朝外？等等。

新屋的抗震设防

抗震成绩出色的墨西哥

实践证明，经过抗震设防的建筑物是可以防御和减轻地震破坏的。2012年3月21日，墨西哥发生7.8级地震，全境均有震感，强震仅造成10余人受伤，没有人遇难。地震后连发9次余震，但是由于房屋抗震结构好，避免了重大伤亡。

据悉，墨西哥位于环太平洋地震带东部，多个板块在此交会，地震频发。此次发生地震的格雷罗州是地震最活跃的地区之一。如此大地震，如此小损失，足以体现良好的抗震设备的重要性和积极意义，也反映了人类抗震的成果。

抗震技术的应用

新屋的抗震设防要从减轻地震力和提高房屋整体抗震能力入手。在具体做法上，应从场地选择、地基处理、结构构造、体型设计、建筑材料以及施工质量等各个环节，来保证新屋的抗震性能。选址是建筑过程的第一环节。

房屋的地基平时承载着房屋全部重量，地震时还要承受房屋的地震惯性力。如果地震承载能力不足，基础整体性不好，那么房子就容易损坏。

房屋的基础部分也应十分重视，在需要和可能的情况下尽量筑得牢靠些，放脚加宽，以减轻房屋对地基压应力。基础形式应根据建筑物的实际情况而有所变化。

一般来说，深基础比浅基础好；筏式基础比条形基础好；条形基础比单独基础好；沉箱和整体性地下室最好。此外，加强独立柱基间的拉结对于防止建筑物因地震产生偏沉破坏有良好的效果。

日本大地震和海啸后的惨景

地震中建筑物的破坏，主要在于承受不住水平地震的作用，因此，必须有足够数量和足够强度的抗侧力构件。

唐山地震后，人们曾经怀疑预制板的砖混结构房屋的抗震性能。实际上，房屋倒塌的主要原因在于墙而不在于预制板，主要是墙体的抵抗力不足造成的。墙体抗震强度高低取决于许多因素，如材料种类、构造形式、施工质量等。

提高墙体抗震强度需要注意将墙体各部分连成整体，墙与墙之间互相咬结牢固。此外，提高砖的砌筑、混凝土浇灌和养护等方面的质量，对墙体抗震也很有帮助。地震时，房屋各部分所受到的地震力是和各部分的重量成比例的。地震力的作用点离地面越高，对房屋的威胁也就越大。所以，重屋顶对房屋的抗震是非常不利的。

做这些抗震的工作并不意味着一定要多花钱、费时、费料。有很多有效的措施，比如建筑高度的限制，合理的建筑布局，正确的结构造型，选择有利的建筑场地，严格执行施工规程等，都是非常重要的措施，而且并不增大费用。还有不少有效且能节省投资的抗震措施，比如在保证建筑物通风、采光等使用条件的前提下，尽量降低层高，减少开间尺寸，缩小门窗孔洞尺寸等。总之，建筑物抗震措施要因地制宜，就地取材，做到既安全又经济。

对原有住房的抗震加固

不论旧房的结构类型如何，都可从加强抗震强度、提高结构的整体性和变形能力三个方面对其进行抗震加固。

针对结构类型的不同，抗震加固措施各有侧重。加强抗震强度的措施主要有两方面：第一是增加抗侧力构件的面积，如增设抗震墙，增加柱等；第二是加强抗侧力构件的强度，如在原抗震墙上采用砂浆或钢

日本大地震和海啸后的惨景

筋网砂浆抹面，压力灌浆，喷射混凝土，带孔洞墙加钢筋混凝土套和支撑，增设钢筋混凝土构造柱等。

目前，建筑工程抗震加固所采取的措施主要有包角柱、扶壁柱、圈梁、钢拉杆、支撑和夹板墙等。下面介绍一些常用的较简单的加固方法。

· 墙体的加固。

按承重与否可将墙体分为两种。一种是承重墙，大部分是横墙，也有纵墙。另一种是非承重墙，如围护墙和某些室内的隔断墙。墙体破坏较多的形式是开裂和歪闪。开裂有外墙的斜裂缝、垂直裂缝，窗间墙的水平裂缝，内墙的交叉裂缝等。

如果斜裂缝少而宽，可把裂缝旁的砖拆去，用高标号水泥砂浆嵌砌新砖，或每隔4～5层砖将水平裂缝的砂浆剔掉，埋入钢筋，然后再浇入高标号的水泥砂浆。当裂缝较宽并不规则时，可沿墙裂缝外双面挂钢筋网，同时用钢筋穿过墙体拉结起来，再抹水泥砂浆。对于墙体歪闪，可采用钢挟杆的方法。在天棚下靠近内隔墙外，用比房屋纵向（或横向）

长度稍长的钢筋，穿过两片墙体，然后在墙外两端垫上钢板用螺栓固定拉紧，使墙体恢复到原来位置。

· 楼盖与屋盖的加固。

使用时间较长的民用房屋，大多数是砖木、砖石结构。若有预制板被拉开的现象，可用水泥砂浆重新填实。预制板破损时，可采用在板面配筋加厚的办法。对梁的裂缝和板的移动，可用铁管支顶或加砌砖垛的办法。若上层空旷，可用工字钢梁和铁管柱相结合来支顶。发生屋顶错动时，可在屋顶下部增设圈梁，以增强房屋面稳定性。对于砖木结构的房屋，可用扒钉加强木屋架（或木梁）与檩条的联结；用垫板加强山墙与檩条的连接。木屋与木柱之间最好加斜撑使位结牢靠，斜撑可用木夹板钉在梁和木柱的两侧。

· 建筑物突出部分的加固。

房屋的突出部分如出屋顶烟囱或附墙烟囱、高门脸、女儿墙、出屋

地震后开裂的地面

趣味链接

地震像其他自然灾害一样，随地球消长，伴我们永生。那么，我们应当学会应对它的最好方法，尽量减少地震灾害造成的损失。抗击地震，从现在开始。

顶的水箱间、楼梯间等，是地震中最容易破坏的部位。轻则裂缝错位，重则倒塌脱落。此外，有些建筑物体型复杂，高低错落，突出部分也易损坏。

因此，一般民用住房应尽量拆除或降低女儿墙、高门脸。此外，应尽量减轻屋顶重量，避免头重脚轻。平房空间过高的，加固时可降低高度，突出部分破坏的可局部拆除，以增加房屋本身的抗震能力。

新西兰克莱斯特彻奇市2010年的成功抗震经验

地震的相关新闻报道

据报道，当地时间2010年9月4日凌晨，新西兰南岛发生里氏7.2级地震，震中位于克赖斯特彻奇（基督城）以西30千米处，震源深度20千米。截至2010年9月4日10时，地震已造成2人重伤，另有数人受轻伤。

据新西兰当地媒体报道，整个新西兰南岛都有震感，其中以克赖斯特彻奇（基督城）最强。照片显示，克赖斯特彻奇城内到处是断壁残垣，部分建筑完全损毁。很多惊慌失措的民众不敢回家，而只得在外露宿。

因此次地震出现大范围设施故障，包括天然气和自来水泄漏、电力供应中断等。当地机场、铁路等交通运输部门也停止服务。当地警方为防止出现抢掠等犯罪行为，已将市中心封锁。克赖斯特彻奇市长帕克当天表示，对地震造成的严重破坏感到“震惊”，并宣布城市进入紧急状态。他同时要求加大救援力度，让幸存者尽快脱险。

发生强烈地震的新西兰南岛最大城市克赖斯特彻奇市随后处于紧急状态，市中心从2010年9月4日晚7时至2010年9月5日早7时实施宵禁。该市附近的凯厄波伊镇也将同时实施宵禁。

新西兰总理约翰·基4日在地震灾区表示，这是新西兰自1968年以来发生的最严重的自然灾害，政府将向灾区民众提供帮助，军队处于待命状态，必要时将协助警方维持秩序。对地震损失的评估，将在数日后公布，估计损失将达数十亿新元。

克赖斯特彻奇市机场的航班已经恢复。至当地时间2010年9月4日下

午5时，克赖斯特彻奇市的绝大部分地区已恢复电力供应，但许多地区的供水仍然得不到保证。

克赖斯特彻奇市已经为受灾民众开设了两处避难场所。市政府建议将紧急状态持续到6日中午。

此次地震发生在新西兰当地时间4日4：35（北京时间0：35），震中位于克赖斯特彻奇市以西40千米处的达菲尔德，震源在地表以下10千米处。目前已发生多起余震，余震最高震级达里氏5.2级。

地震已造成两人重伤。其中一名男子50多岁，被倒下的烟囱砸伤，在重症病房接受治疗；另一名男子被震碎的玻璃严重扎伤。

许多居民被强烈的震感和房屋的响声所惊醒，人们看见物品在掉落和滑动，随即在新西兰南岛发生强震，部分房屋墙体倒塌，在惊恐中人们穿着睡衣睡裤涌向街道；而此时已经没有了手机信号。街道上是被地震毁坏的一排排商店，间或有一些烟囱砸上汽车挡风玻璃或房屋完全倒置的景象。郊外公路也因为居民扎堆驱车出逃而堵塞。

地处板块交界，强震发生频繁

新西兰是地处世界两大构造板块之间的岛国，位于“太平洋火环”断裂带（环太平洋地震带）上，是太平洋板块与印度-澳大利亚大陆板块相撞后俯冲到一个被称作地幔的巨热、巨压区，该潜入过程为火山活动提供了充足的能量。

新西兰属于地震、火山频发地区，因此极易受到火山喷发、地震和海啸的袭击，遭受洪水、山体滑坡等地质灾害。每年有1000多个地震报告。

据统计，1900年以来，新西兰平均每两三年发生7级以上地震1次。1980年以来，发生5级以上地震平均每年约有35次。最近的3次地震分别是2003年的弗特兰德7.1级地震、2004年南岛西岸和2006年克马德克群岛的7级地震。

克赖斯特彻奇市75%城区供电、供水中断，排污系统遭受严重破

坏，机场随即关闭。地震发生后，新西兰地震委员会的最初测算为7.4级，后经美国地质勘探局核准为7.0级。地质科学家称此次地震为1931年霍克湾发生7.8级地震以来的最大地震。

新西兰地震委员会官员伊安·辛普森说，克赖斯特彻奇市的损失可能达到20亿新西兰元。该市人口为372600人。

低伤亡原因

尽管遭遇7级强震，但是当地没有造成严重的人员伤亡情况。有专家分析说，几大原因造成“高震级低伤亡”现象。

·不属于直下型地震

此次地震尽管属于浅源地震，但是震中距克赖斯特彻奇市有50千米，不像直下型地震容易造成重大伤亡。如1976年的唐山大地震就属于直下型地震，造成24万余人的重大伤亡。

·人口密度低

克赖斯特彻奇市虽然是新西兰第二大城市，约有40万人口，但是人

口密度相对较低，居民住的都是1、2层楼房屋，因此房屋倒塌对于人员的伤害较小。

· 房屋抗震性能好

由于地震多发，新西兰对于房屋建筑标准的要求非常严格，还通过立法来确保基础设施建设质量。该国制定的民居抗震建设规定，有完善的监管措施。

· 严重地区地属商业区

此次建筑物毁坏最严重的是市中心的商业区，由于地震发生时间是星期六凌晨，商业区人员稀少，从而使得人员伤亡减少。

优秀的防震体系

新西兰民防事务部长约翰·卡特地震当天在首都惠灵顿与相关部门负责人和专家会面后对媒体说，没有人员死亡“实在是太幸运了”！但在记者看来，这种“幸运”其实并非出于偶然。

· 隔震技术世界领先

新西兰隔震技术处于世界领先水平。科研人员早在20世纪60年代末70年代初就已将特制的橡胶垫用于基础隔震。目前，新西兰在一些重要的建筑物及桥梁上均采用了结构隔震减震装置。比如：议会内阁办公楼和卫生部大楼均采用含铅的橡胶垫将建筑体和地基梁隔开。地震发生时，隔震装置能够有效降低地震造成的损害。

· 房屋抗震性能好

新西兰建筑研究协会是专门研究抗震建筑的机构，其设计的木框架大玻璃轻型建筑造价不高，较能被居民广泛接受，目前新西兰低层和多层住宅主要采用这种建筑方式。实践证明，轻型木结构因其自身质量轻、强度高等特性，表现出良好的抗震性能，地震发生时能最大程度地避免生命和财产遭受巨大损失。

·加强立法严把建筑质量

新西兰政府在房屋建筑方面加强立法，严把质量关。新西兰在《建筑法》和建筑规范中对投资者、设计师以及设计图都做了具体规定，建筑师和设计师都可以监督施工。对于建筑工程的审查，《建筑法》规定投资者委托设计师进行图纸设计后，要送交有关专业部门审核，建筑物出现问题要追究建筑商、设计师、政府审查人员的责任，以促使相关人员确保安全。

成功的灾害保险制度

新西兰地震保险制度被誉为全球运作最成功的灾害保险制度之一，其主要特点是国家以法律形式建立符合本国国情的多渠道巨灾风险分散体系，以政府与市场相结合的方式来尽可能分散巨灾风险。

这一地震风险应对体系由三部分组成，包括地震委员会、保险公司和保险协会，分属政府机构、商业机构和社会机构。一旦灾害发生，地震委员会负责法定保险的损失赔偿；保险公司依据保险合同负责超出法定保险责任部分的损失赔偿；而保险协会则负责启动应急计划。

· 重视防灾、减灾教育

政府重视对公民的防灾、减灾教育。多年来，新西兰国家民防部都会印制防御各种具体灾害的宣传品，其内容包括灾害的识别、预防，以及如何自救、互救等，所有公民人手一套。经过长期的宣传普及，新西兰普通民众大都清楚地震发生后如何应对。

· 政府灾害防御机制好

新西兰政府重视灾害防御工作，灾害防御机制行之有效。政府对各种自然灾害实行综合管理，专门设立了政府民防部，从中央政府到地区、地方三级政府均设有防灾减灾机构。一旦发生全国性重大自然灾害，国家进入紧急状态，国家民防总指挥部就会立即启动，地区和地方的民防指挥中心也立即投入工作。

第十一章
Chapter 11

认识我们的地球

地震，归根结底，是我们的地球表面与内部发生的变化，既包括了陆地，也包括了海洋，所以，认识我们生活的地球，对于我们更好地认识地震、了解地震，非常的重要。现在，就让我们来深刻了解一下我们的地球，为未来我们最终战胜地震打下一个良好的基础。

认识一下地震的摇篮——地球

地球的概况

世界上第一名航天员、苏联人加加林1961年4月14日驾驶“东方”1号飞船，首次从上百千米的高空鸟瞰人类赖以生存的地球时，最使他惊异的是地球原来是一个蔚蓝色的大水球。

地球是太阳系的行星之一。地球诞生已46亿年，而人类在地球上出现仅为300万年，其中99%的时间又是在原始社会中度过的。人类真正开始探索了解地球只是近几百年的事。

地球表面71%是海洋，29%是陆地。地表以上包着厚2000～3000千米的大气圈，它是地球的保护伞。

地球是一个球体

在太阳系中，我们最熟悉的，莫过于我们居住的地球了。但是实际上，我们对地球的了解仍然很肤浅，还有很多的谜团没有得到认知。

在2500年以前，我们的祖先在一本叫《周髀》的书中写道："天圆如张盖，地方如棋局。"这就是著名的"天圆地方"说。

古巴比伦人和古印度人的想象比较相近，他们认为地球是驮在海龟背上的山。所不同的是，由于印度人崇拜大象的缘故，他们的想象是在海龟背上加了三只神圣的大象。

相比之下，古希腊人凭直觉的见解更加准确些。他们断定大地是圆的。亚里士多德就曾经提出了最富有说服力的论据：驶入大海的船只，最终总是在观望者视野中消失。另外，每当月食的时候，地球在月亮上的投影总是圆的。如果大地不是球形的话，这两种现象就无法解释了。

直到麦哲伦全球航行取得成功，世界才正式确立了地球是一个球体的理论。

地球的自转与公转

像太阳系的其他行星一样，地球以每秒30千米的速度绕太阳公转。地球绕太阳运动的轨道是一个椭圆形，与太阳的平均距离约1.5亿千米，以365日6小时9分9.5秒跑完一圈，这就是地球上的一年。同时地球还像个陀螺不停地自转，赤道上的自转速度约每小时1670千米，自转一周约23小时56分4秒，就是地球上的一昼夜。地球的自转产生黑夜白昼，公转产生春夏秋冬。

过去人们只能间接地证明地球是个球体。20世纪50年代以来，航天事业有了突飞猛进的发展。航天员从太空给地球拍摄了许多照片，地球的形态一目了然，非常直观，地球是一个略扁的旋转椭球体。

天文学家们早已精确地测定出地球赤道半径平均为6378.14千米，极半径平均为6356.75千米，两者相差约21千米。也就是说，地球的赤道周长比两极方向的子午线周长要长。

地球是太阳系唯一有生命存在的星球，是人类赖以生存的摇篮。它是座大宝库，内部蕴藏着丰富的矿产、能源、生物和水等资源。世界上只有一个地球，必须珍惜和爱护它，使人类与地球永远和睦相处下去。

地球的结构与组成

地球结构可分3层：地球最外层是地壳（地面下平均35千米），中层是地幔（地下35～2900千米），内层是地核（地下2900千米至地心）。人们可以形象地把地球这种圈层结构比作一个熟鸡蛋，地壳相当于蛋壳，地幔相当于蛋清，地核相当于蛋黄。“鸡蛋”里的温度随深度变化而变化。在距地表400千米深处，温度为1500～1800℃；在2900千米深处，温度为3500～3700℃；在6371千米深处的地球中心，温度高达4500～5000℃。从这种意义上讲，地球是个大火炉，在它内部贮藏着巨大的能量，可供人们去开发利用。

地球还是个大磁铁。通过南北两极，磁场范围可以延伸到地球外面10万千米以上的高空，因此在地球表面任何位置，人们都可以用指南针指示方向。磁极自古一直在游移着，而且在不同的地质时期，曾有过倒转，每当地磁极倒转现象发生时，许多生物属种会忽然消失，倒转现象过后，又会出现新的属种。

魏格纳与“大陆漂移说”

魏格纳的偶然发现

在魏格纳之前，人们普遍认为：海洋一经出现，大的横向变动就不再发生了，只是有一些垂直升降运动和局部轮廓的改变。到了20世纪初期，法国地球物理学家魏格纳提出了异议。

1910年的一天，魏格纳望着墙上的一张世界地图出神，无意中发现一个十分奇怪的现象，美洲的巴西那块突出的部分，与非洲喀麦隆凹陷进去的这一部分，就像一张大纸被撕成两块，自然吻合。魏格纳像哥伦布发现美洲大陆一样感到吃惊，再细看，地球上这两块大陆的海岸线也非常配合，这边凸起，那边就凹进，这边一墩，那边就是一湾，这难道是偶然的巧合吗？

一年以后，魏格纳看到一些材料，说明美洲、欧洲、非洲在地质、生物等方面都有许多相似之处，他还联想到早年到格陵兰岛考察途中见到巨大冰山漂移的情景，这时，一个大胆的假说形成了：地球上的大陆原本都是连在一起的，由于潮汐的摩擦力和地球自转的离心力，把它分裂成几大块，然后向不同的地方漂移开来。美洲离开非洲、欧洲而去，中间就形成了大西洋；印度次大陆与南极洲分离北上，与亚洲撞接，喜马拉雅山便横空出世；亚洲西漂，在东岸留下碎片，成为今天的岛弧

线；这个时候，七大洲四大洋的基本格局才由此形成。

“大陆漂移说”的论据与论证

魏格纳按照物种起源的观点：“相同的生物种一定起源于同一地区”，找到了有力的论据：大西洋东岸有一种园庭蜗牛，行动迟缓，一天仅能爬个百十米远，人们竟在大西洋西岸的北美洲发现了。倘若两岸不曾连在一起，凭着蜗牛那点本事，怎么可能乘风破浪，漂洋过海，从大西洋东岸跑到西岸去呢？

还有一种蚯蚓，广泛地分布在欧洲，人们也在大西洋西岸的美国东部发现了，奇怪的是，美国西部却不见它的踪影。如果这种蚯蚓能远涉重洋，由东岸游到西岸，为什么又不能越过连在一起的陆地，从美国东部爬到西部去呢？

魏格纳还在南美和南非的石炭二叠纪地层中发现了中龙化石。中龙

是在淡水里生活的一种小爬虫，要不是大西洋两岸曾连在一起，它们怎么可能分出两处？难道中龙长期适应咸水里的生活，游过浩瀚无垠的海洋去呢？

更奇怪的是大西洋东西岸都广泛分布着舌羊齿化石，舌羊齿是一种植物没有翅翼飞翔，没有四脚爬行，如果两岸不曾连在一起，这种现象又怎么解释呢？

大西洋两岸不仅有相同的物种，而且地层也自然衔接，非洲南端的开普山脉，恰好与南美的布宜诺斯艾利斯山脉相连，同属二叠纪的褶皱山系。不仅地质构造相同，而且岩层的成分与年龄也完全一样。另外，巨大的非洲片麻岩高原所含的火成岩和沉积岩，其褶皱伸延方向，与巴西的片麻岩高原的情形几乎一致；欧洲的挪威、苏格兰古代褶皱山系，又与大西洋彼岸巴拉契亚褶皱山系北段相衔接。

年仅32岁的魏格纳用无数客观事实有力地论证了他的“大陆漂移学说”，于1915年发表了《海陆的起源》一书，正式宣告“大陆漂移学说”的诞生。

海洋的变迁

而且，除了大陆的漂移，还有其他地质变化在影响海洋的走向。如有的海洋地壳上升成为陆地，有的陆地下陷或裂开、漂移形成海洋，有的海底扩张成为新的海洋；还有由于气候冷暖、冰期消长引起的海平面升降，也使海洋经历了许多的沧桑之变。例如，喜马拉雅山很久以前就是海洋，由于亚欧板块和印度板块挤压隆起，而形成了今天的样子。

不断变化的海洋

经过了漫长时间的一系列的变迁，才形成了今天的海洋。当然，今天的海洋也仍然处在不断变化之中。

以上这些新的假设吸取了近几十年来的科学技术成果，因而比较合乎情理。但是，这并不等于完全揭开了海洋形成之谜。科学技术仍在不断发展，人对自然的认识也在不断深化，新的假设和理论将会补充或更新、代替现在的假设和理论，以致最后解开海洋是怎样形成的这一自然之谜。

海洋地貌的形成

地球表面被陆地分隔为彼此相通的广大水域，称为海洋，其总面积约为3.6亿平方千米，约占地球表面积的71%，因为海洋面积远远大于陆地面积，故有人将地球称为“水球”。

海和洋不是一回事，海洋是怎样形成的？对这个问题，目前科学还不能作出最后的答案，这是因为，它们与另一个具有普遍性的、同样未

彻底解决的太阳系起源问题相联系着。

地球的形成

现在的研究证明，大约在50亿年前，从太阳星云中分离出一些大大小小的星云团块。它们一边绕太阳旋转，一边自转。在运动过程中，互相碰撞，有些团块彼此结合，由小变大，逐渐成为原始的地球。

熔解与蒸发

在星云团块的碰撞过程中，在引力作用下急剧收缩，加之内部放射性元素蜕变，使原始地球不断受到加热增温；当内部温度达到足够高时，地内的物质包括铁、镍等开始熔解。

在重力作用下，重的物质下沉并趋向地心集中，形成地核；轻者上浮，形成地壳和地幔。在高温下，内部的水分汽化与气体一起冲出来，飞升入空中。但是由于地心的引力，它们不会跑掉，只在地球周围，成为气水合一的圈层。

冷却与沉积

位于地表的一层地壳，在冷却凝结过程中，不断地受到地球内部剧烈运动的冲击和挤压，因而变得褶皱不平，有时还会被挤破，形成地震与火山爆发，喷出岩浆与热气。开始，这种情况发生频繁，后来渐渐变少，慢慢稳定下来。

这种轻重物质分化，产生大动荡、大改组的过程，大概是在45亿年前完成了。

海洋地貌的最初形成

地壳经过冷却定型之后，地球就像个久放而风干了的苹果，表面皱纹密布，凹凸不平。高山、平原、河床、海盆，各种地形一应俱全了。

海水是从哪里来的

海洋的地形、地貌形成了，但是，新生成的地球是个固体块，没有大气，而且，它最重要的要素——海水，又是从哪里来的呢？

地球其实是“水球”

地球不同于其他行星的主要特征之一，是地球上有丰富的水，全球约有3/4的面积覆盖着水，因而地球有“水的行星”之称。

地球上的水呈固态、液态、气态分布于海洋、陆地以及大气之中，其中海洋水占绝大部分。占地球表面总面积的71%的海洋，占有地球上总水量13亿8400万立方千米（联合国教科文组织的世界水文学小组确定）的97.5%。若把地球上的陆地和海底都铲成平地，海洋的水将把整个地球覆盖起来，水深可达2745米。

这么多的水是从哪儿来的呢？是来自包围着地球的大气层，还是随着地球形成就已存在？人们通过考古发现，地球形成初期并无液态水。“水从何来”一直是个谜。实际上，直到今天为止，科学家们仍然没有完全揭开这个谜团，下面就介绍几种普遍认可的观点，仅供参考。

地球自带水说

传统的观念认为，地球上的水是地球形成时从星云物质带来的，这些参与地球组成的水，通过地球的演化不断从地球深部释放出来，其证据是，在火山活动区和火山喷发时，都会有大量的气体出现，其中占绝大比例的是水汽。

这种观念认为，在构成地球的岩石物质中，会有水分（还有气体）与岩石松散地结合在一起。在地球重力的作用下，这些岩石越来越紧密地重叠在一起，温度也越来越高。于是，水蒸气和气体就“嘶嘶”地被赶出来。这些气泡不断生成、汇集，使新生的地球发生大量的地震。逃逸的热量造成猛烈的火山喷发。在数不清的年月里，水不是从天而降，反过来，倒是从地壳中呼啸而出，然后冷凝下来，形成了海洋，也就是说，海洋不是从上方，而是从地下生成的。

但是随着人们对火山现象研究的深入，发现与火山活动有关的水，并不是什么从深部释放出来的“新生水”，而是地球现有水体循环的一部分。

彗星送水说

研究人员推测，彗星可能曾经给地球“送”过水。

宇宙物理学家认为，大约39亿年前，水只会存在于太阳系中较“寒冷地区”，例如火星和木星轨道之间有一个小行星带，这些小行星中部分光临过地球的彗星可能是地球的“送水人”。

而地球“年轻时”温度很高，水和其他不稳定物质都将蒸发。地球形成800万年后，这些含有大量冰的彗星撞向地球，给地球捎来生命赖以生存的水。

彗星主要由冰和尘埃组成，研究人员戏称为“脏雪球”。在太阳系构建之初，这些“脏雪球”围绕太阳系轨道运行，受附近任何微小引力的影响都可能偏离轨道，撞向其他星体。

德国马克斯·普朗克太阳系研究所科学家、领导研究小组的保罗·哈托说：“按照这个理论，我们计算认为，地球上不到10%的水来自彗星。”

在很长的一个时期内，天空中水汽与大气共存于一体；浓云密布。天昏地暗，随着地壳逐渐冷却，大气的温度也慢慢地降低，水汽以尘埃与火山灰为凝结核，变成水滴，越积越多。由于冷却不均，空气对流剧烈，形成雷电狂风，暴雨浊流，雨越下越大，一直下了很久很久。滔滔的洪水，通过千川万壑，汇集成巨大的水体，这就是原始的海洋。

关于海水的来源，仍然没有定论，期待科学家们继续探索。

早期的海洋

早期的海洋与我们今天看到的海洋，是大相径庭的。原始的海洋，海水不是咸的，而是带酸性、缺氧的，而且非常热，水温大概有100℃。

海洋的水分不断蒸发，重新变成水汽，然后又形成雨水，反复地形云致雨，重新落回地面，把陆地和海底岩石中的盐分溶解，不断地汇集于海水中。

经过亿万年的积累融合，才变成了大体均匀的淡水。又不断蒸发，降落到地面上来，并把陆地上岩石中的大量盐分带到原始海洋中去，年复一年，日积月累，海洋中的淡水就变成了咸水。经过亿万年的积累融合，才变成了大体均匀的咸水。

氧气与生命

同时，由于大气中当时没有氧气，也没有臭氧层，紫外线可以直达地面，靠海水的保护，生物首先在海洋里诞生。大约在38亿年前，即在海洋里产生了有机物，先有低等的单细胞生物。在6亿年前的古生代，有了海藻类，在阳光下进行光合作用，产生了氧气，慢慢积累

的结果，形成了臭氧层。此时，生物才开始登上陆地。

总之，经过水量和盐分的逐渐增加，以及地质历史上的沧桑巨变，原始海洋逐渐演变成今天的海洋。

今天海洋的最终形成

海洋从诞生之后，在千百万年的岁月里，它的面貌是不断更新的，经历了许多的变化。根据目前普遍认可的“大陆漂移说”理论，在今天的海洋和大陆形成以前，也就是中生代以前，地球上的大陆是连为一体的，称之为泛大陆或联合古陆，围绕它的是一片统一的海洋。后来，由于受到向西漂移的潮汐力和指向赤道的离极力，较轻硅铝质的大陆块漂浮在较重的黏性的硅镁层之上，由于潮汐力和离极力的作用使泛大陆破裂并与硅镁层分离，而向西、向赤道作大规模水平漂移。

洋与海的形成

于是，在这一漂移过程中，海洋也被分裂开来。例如，根据“大陆漂移说”的描述，非洲西部和南美洲的东部正好契合，仿佛拼图游戏一样合适，而北美洲东部和欧亚大陆也很吻合。随着大陆的分开，海洋也就自然被隔断了。形成了今天的大西洋。

随着漂移的不断进行，几个分隔的大洋产生。分别是太平洋、大西洋、印度洋和北冰洋。它们的附属——海，也慢慢形成了今天的模样。

北冰洋是南极洲挖离出来的吗

关于北冰洋的假说

曾经有这样一种说法，说是“月球是从地球上被挖出去的一块，于是外面形成了月球，地球上有了太平洋”，这种说法后来被证明为错误的。

而一种类似的地质现象，却直到现在仍没有得到很好的解答，那就是：北冰洋正好能装下南极洲，其默契合程度就像小孩玩的拼图板一样。

假说是否成立

众所周知，北冰洋与南极大陆分别位于地球的两端，一个是海洋，一个是大陆。看上去它们是毫不相干的。但当我们对它们进行仔细对比以后，将会发现它们之间竟然有着非常有趣的联系。

首先，北冰洋和南极洲有着非常相似的面积和形态。南极洲的面积是1400万平方千米，北冰洋则为1410万平方千米；倘若将现今的两个极点重叠在一起，并把其中一个旋转75° 以后，便可以看到，两者的形态轮廓也大致吻合，偌大的南极洲正好嵌在北冰洋中，而且南极半岛的尾

部，正好落在北冰洋的挪威海与格陵兰海之间。

其次，更有趣的是，北冰洋与南极洲的海拔标高也有一定联系，北冰洋有深4000多米的海盆，而南极洲也恰好有高达3794米的山峦与之对应。所有这一切都似乎表明：南极洲就像是从北冰洋里挖出来的一般。

谜团

这有趣的现象是一种偶然的巧合吗？不！许多人相信，这绝不是巧合，人们认为其中很可能隐藏着一种与地球的运动和演化有关的内在因果关系。也许，南极洲真的是从所谓的北极洲漂移出来的？正如同“大陆漂移说”中非洲与南美洲的契合一样。但是，为什么恰恰好漂移至两极，谁也无法解释。

神秘的天外来客——陨石

在所有的地震类型中，有一种地震的形成原因是最特别的了，那就是小行星和陨石撞击地球形成的地震。在我们人类面对的地震中，由于天外星体的撞击而产生的地震基本可以忽略不计，但是，认识到这种危害的可能性还是有必要的。

陨石是什么

陨石是极为珍贵的天体资料，它能够告诉我们外太空的物质构成和演变状况。毫不夸张地说，一块陨石，就是一个小行星的发展史。陨石是人类直接认识太阳系各星体的珍贵稀有的实物标本。

陨石是地球以外的宇宙流星脱离原有运行轨道后变成碎片散落到地球的石体。在火星和木星的轨道之间有一条小行星带，被认为是陨石的故乡。这些小行星相互碰撞，被撞出轨道，奔向地球，在进入地球大气层的过程中产生高温、高压和内部不平衡，从而发生爆炸，未燃尽的流星落到地球上，就形成了陨石。

陨石的分类

根据化学成分的不同，陨石通常可以分为三大类：石陨石、铁陨石和石铁陨石。石陨石是最常见的陨石，主要的成分是岩石。铁陨石也称“陨铁”，主要成分是铁和镍。石铁陨石，或称为“陨铁石”，是介于石陨石和铁陨石之间的一种陨石，大体上由铁、镍等金属和硅酸盐组成，这类陨石非常少见。

引人入胜的陨石坑

陨石坑就是陨石高速撞击地表或其他天体表面所形成的坑穴。地球上已经被确认的大陨石坑中，以美国的亚利桑那州的梅蒂尔坑最为著名，其直径达到1240米，深170多米。坑的周围比附近地面高出约40米。据考证，该陨石坑是2万年前由一个直径约60米，重达10万吨的陨石体以约每秒20千米的速度撞击地面形成的。